乡村规划与设计探索

陈苏丽 ◎ 著

吉林出版集团股份有限公司

图书在版编目（CIP）数据

乡村规划与设计探索 / 陈苏丽著. -- 长春 : 吉林出版集团股份有限公司, 2024. 6. -- ISBN 978-7-5731-5160-5

Ⅰ. TU984.29

中国国家版本馆 CIP 数据核字第 2024XN9145 号

乡村规划与设计探索

XIANGCUN GUIHUA YU SHEJI TANSUO

著　　者　陈苏丽
出版策划　崔文辉
责任编辑　刘　洋
助理编辑　邓晓溪
封面设计　文　一
出　　版　吉林出版集团股份有限公司
（长春市福祉大路 5788 号，邮政编码：130118）
发　　行　吉林出版集团译文图书经营有限公司
（http：//shop34896900.taobao.com）
电　　话　总编办：0431-81629909　营销部：0431-81629880/81629900
印　　刷　吉林省六一文化传媒有限责任公司
开　　本　710mm×1000mm　1/16
字　　数　210 千字
印　　张　13
版　　次　2024 年 6 月第 1 版
印　　次　2024 年 6 月第 1 次印刷
书　　号　ISBN 978-7-5731-5160-5
定　　价　78.00 元

前　言

在美丽乡村建设过程中，地理地貌、区位条件、自然资源、文化底蕴、农民的积极主动性及机遇等因素扮演着重要的角色。而这美丽乡村建设的成功，除了显著的区位优势、丰富的自然资源、城镇化快速发展所带来的市场机遇，更重要的还是以当地政府为主导的推动引导作用和财政支持力度，以及在当地较高经济发展水平带动下农民对保护生态环境意识的增强，或者说是农民在解决温饱问题后对生产生活质量要求的提高。这些要具备多项非一般情况下的成功模式在不同条件地区是很难完全复制的，也就决定了未来我国在生态文明建设道路上的多样性、复杂性和创新性。

美丽乡村建设不仅关乎农村生态环境改善，更要兼顾乡村经济发展，促进产业升级转型，提升乡风文明，让广大人民群众过上富裕的生活。然而，对于美丽乡村的建设不可自主开展，也不可套用城市规划方案，必须要融入科学、合理的规划理念，不仅要着眼于全方位的布局，更要有长远眼光。既考虑整体上的布局和协调，也要充分考虑乡村规划对自然环境、民俗风情等的影响，尽量减少对自然的破坏，如此才能保障美丽乡村的规划能够符合规范的要求，促使乡村环境更加自然、优美。

本书介绍了乡村发展的历程与特点及启示，详细探讨了乡村规划的影响要素，乡村规划设计的原则及内容，村庄规划与布局，民居建筑规划设计以及乡村历史、传统保护规划设计，并对乡风环境规划设计以及乡村人居环境治理方面做了重点探讨。本书内容广泛、翔实，可作为学生学习的专业读本，也可供乡村规划领域的工作人员参考。

本书在编写过程中参考、引用了有关文献和资料，在此向相关作者表示诚挚的谢意。笔者虽竭尽全力，但因水平有限，不妥之处在所难免，恳请广大读者批评指正。

目　录

第一章　乡村发展概述

第一节　我国乡村的特点

乡村社会是由一个个村庄和村落组成的，其共享着村庄范围内的资源，并通过长期的生产生活实践，彼此之间有着共同的文化认同，逐渐形成了乡村社会约定俗成的社会秩序，在这样的基础之上村落便很容易形成村落共同体。经历了一系列的历史变迁后，传统的乡土社会的一些特征逐渐发生变化，现在已呈现出具有中国特色的乡村特点。

一、与农业生产紧密结合

农村是广大农民居住生活的场所，它充分反映以农业为基础的生产、生活组织方式。土地耕种是农业生产的主要方式，农村居民点是按照一定的耕作半径分布的。

由于气候、土壤、栽培作物和农业机械化、水利化的不同，栽培和耕作技术各有很大差异。以此为基础，可以将全国的农业地区划分为多种类型。其间的居民点分布充分反映了农业生产的特点，如在我国华北的黄河中下游平原、淮河平原是典型的一年二熟地区，这一带农业发达，人口稠密，村庄一般相间400~1 000 m分布，村庄布局整齐，街道大多东西走向，住宅以四合院为主。而在长江中下游的苏南和杭嘉湖地区，地势平坦低洼，河道纵横交错，是我国著名的鱼米之乡，由于农业生产与水系关系紧密，形成了“村不离水”的特色，耕作半径都在100~200 m之间，或称为“一肩之遥”的挑担能力范围之内，村落经常是只有几户人家集聚，村与村之间的距离在 200~300 m 之间。

村庄的内部建设也与农业生产紧密结合，居民点中要安排必要的生产建筑和各种放置生产资料的场所（如农机具仓库、畜舍）。这些设施又与田间的农业生产紧密结合在一起，使农村的生产生活有机结合起来。

二、地域特点鲜明

我国地域辽阔，又是多民族国家，各地区、各民族的农村建设都具有鲜明的特点，形成了丰富多彩的艺术风貌。如北方的四合院、南方的厅堂式住宅、福建的圆楼、黄土高原的窑洞等，不仅反映了农村建设要适应气候条件，而且具有突出的地方文化特色和民族特色。

三、功能综合配套

村庄是我国农村居民生产、生活的中心，不仅要建设必要的生产设施，还要配套完善日常生活所必需的各种公共服务设施，如学校、医疗服务站、文化体育活动和行政管理场所等，其本身就是基层的管理、文化、生活和生产的公共活动中心。由于经济发展水平差异大，农村的公共设施配套建设水平还参差不齐，所以加强农村公共设施的建设，是今后农村发展的重点，也是提高农村居民生活水平的重要途径。

四、基础设施条件差

我国的村庄规模普遍较小，且存在着布局分散、自身的建设能力有限等现实，大多数农村基础设施薄弱，普遍存在着道路系统不完善、路面质量差、给水排水设施不齐全、电力供应不足等问题。

总之，在我国几千年的农业文明中，积累了丰富的农村建设经验和优良的文化传统，在进行村庄规划和建设时，要充分挖掘和展示其优点，改善不足，逐步提高农村的建设水平，缩小城乡差别。

第二章　乡村规划设计原则及内容

美丽乡村强调的是综合的、整体的概念，不仅包括乡村外部的环境美，更包括了农村社会中的内在美。

第一节　乡村规划设计的原则

一、规划原则

1. 以人为本，农民主体

把维护农民切身利益放在首位，充分尊重农民意愿，广泛调动群众参与的积极性，整合社会的力量，尊重农民群众的自身意愿，并引导农民群众大力发展生态经济、自觉保护生态环境、加快建设生态家园。美丽乡村建设，必须以环境生态和文化保护作为重点。注重对传统农耕、人居等丰富文化的生态理念进行挖掘；同时，在开发过程中要注重对这些文化的保护，保护中建设、开发中保护，按照“修旧如旧”的原则来进行建设，形成一村一景、一村一业、一村一特色，彰显美丽乡村，打造高标准的乡村旅游目的地。

2. 城乡一体，统筹发展

建立以工促农、以城带乡的长效机制，统筹推进新型城镇化和美好乡村建设，深化户籍制度改革，加快农民市民化步伐，加快城镇基础设施和公共服务向农村延伸覆盖，着力构建城乡经济社会发展一体化新格局。总结不同村落的特点，在不同的乡镇抓好示范点的建设，合理确定各个村庄的建设目标、根据实际情况来制订建设方案，分步实施、以点带面，不断提升乡村景观和经济条件。

3. 坚持规划引领，示范带动

强化规划的引领和指导作用，科学编制美好乡村建设规划，切实做到先规划后建设、不规划不建设。按照统一规划、集中投入、分批实施的思路，坚持试点先行、尽力而为，逐村整体推进，逐步配套完善，确保建一个成一个，防止一哄而上、盲目推进。

4. 坚持生态优先，彰显特色

社会建设必须要遵循自然的发展规律，在乡村建设中，必须要切实保护农村的生态环境，展示农村的农业生态特点，围绕农村的生态经济、人居以及环境和文化等方面来发展特色的生态农业。乡村建设，必须要充分整合力量，建设乡村同幸福村居工程、发展农村旅游、农民住房改造、生态村庄建设等发展内容相结合，通过不同项目之间的相互带动，整合资源等方式，来合力推动乡村建设质量。大力开展农村植树造林，加强以森林和湿地为主的农村生态屏障的保护和修复，实现人与自然和谐相处。规划建设要适应农民生产生活方式，突出乡村特色，保持田园风貌，体现地域文化风格，注重农村文化传承，不能照搬城市建设模式，防止“千村一面”。

5. 坚持因地制宜，分类指导

针对各地发展基础、人口规模、资源禀赋、民俗文化等方面的差异，切实加强分类指导，注重因地制宜、因村施策，现阶段应以旧村改造和环境整治为主，不搞大拆大建，实行最严格的耕地保护制度，防止中心村建设占用基本农田。

二、规划编制要素

1. 编制规划应以需求和问题为导向，综合评价村庄的发展条件，提出村庄建设与治理、产业发展和村庄管理的总体要求。

2. 统筹村民建房、村庄整治改造，并进行规划设计，包含建筑的平面改造和立面整饰。

3. 确定村民活动、文体教育、医疗卫生、社会福利等公共服务和管理设施的用地布局和建设要求。

4. 确定村域道路、供水、排水、供电、通信等各项基础设施配置和建设要求，包括布局、管线走向、敷设方式等。

5. 确定农业及其他生产经营设施用地。

6. 确定生态环境保护目标、要求和措施，确定垃圾、污水收集处理设施和公厕等环境卫生设施的配置和建设要求。

7. 确定村庄防灾减灾的要求，做好村级避火场所建设规划；对处于山体滑坡、崩塌、地陷、地裂、泥石流、山洪冲沟等地质隐患地段的农村居民点，应经相关程序确定搬迁方案。

8. 确定村庄传统民居、历史建筑物与构筑物、古树名木等人文景观的保护与利用措施。

9. 规划图文表达应简明扼要、平实直观。

三、村庄建设

（一）基本要求

1. 村庄建设应按规划执行。

2. 新建、改建、扩建住房与建筑整治应符合建筑卫生、安全要求，注重与环境协调；宜选择具有乡村特色和地域风格的建筑图样；倡导建设绿色农房。

3. 保持和延续传统格局和历史风貌，维护历史文化遗产的完整性、真实性、延续性和原始性。

4. 整治影响景观的棚舍、残破或倒塌的墙体，清除临时搭盖，美化影响村庄空间外观视觉的外墙、屋顶、窗户、栏杆等，规范太阳能热水器、屋顶空调等设施的安装。

5. 逐步实施危旧房的改造、整治。

（二）生活设施

1. 道路

（1）村主干道建设应进出畅通，路面硬化率达100%。

（2）村内道路应以现有道路为基础，顺应现有村庄格局，保留原始形态走向，就地取材。

（3）村主干道应按照《道路交通标志和标线》（GB 5768—2009）的要求设置道路交通标志，村口应设村名标识；历史文化名村、传统村落、特色景观旅游景点应设置指示牌。

（4）利用道路周边、空余场地，适当规划公共停车场（泊位）。

2. 桥梁

（1）安全美观，与周围环境相协调，体现地域风格，提倡使用本地天然材料，保护古桥。

（2）维护、改造可采用加固基础、新铺桥面、增加护栏等措施，并设置安全设施和警示标志。

3. 饮水

（1）应根据村庄分布特点、生活水平和区域水资源等条件，合理确定用水量指标、供水水源和水压要求。

（2）应加强水源地保护，保障农村饮水安全，生活饮用水的水质应符合《生活饮用水卫生标准》（GB 5749）的要求。

4. 供电

（1）农村电力网建设与改造的规划设计应符合《农村电力网规划设计导则》（DL/T5118—2010）的要求，电压等级应符合《标准电压》（GB/T 156—2017）的要求，供电应能满足村民基本生产生活需要。

（2）电线杆应排列整齐，安全美观，无私拉乱接电线、电缆现象。

（3）合理配置照明路灯，宜使用节能灯具。

5. 通信

广播、电视、电话、网络、邮政等公共通信设施齐全、信号通畅，线路架设规范、安全有序，有条件的村庄可采用管道地下敷设。

（三）农业生产设施

1. 结合实际开展土地整治和保护，适合高标准农田建设的重点区域，按《高标准农田建设通则》（GB/T 30600—2014）的要求进行规范建设。

2. 开展农田水利设施治理、防洪、排涝和灌溉保证率等达到《防洪标准》（GB 50201—2014）和《灌溉与排水工程设计标准》（GB 50288—2018）的要求；注重抗旱、防风等防灾基础设施的建设和配备。

3. 结合产业发展，配备先进、适用的现代化农业生产设施。

四、生态环境

（一）环境质量

1. 大气、声、土壤环境质量应分别达到 GB 3095—2012、GB 3096—2008、GB 15618—2018 标准中与当地环境功能区相对应的要求。

2. 村域内主要河流、湖泊、水库等地表水体水质，沿海村庄的近岸海域海水水质分别达到 GB 3838—2002、GB 3097—1997 标准中与当地环境功能相对应的要求。

（二）污染防治

1. 农业污染防治

（1）推广植物病虫害统防统治，采用农业、物理、生物、化学等综合防治措施，不得使用明令禁止的高毒高残留农药，按照《农药安全使用标准》《农药合理使用准则》的要求合理用药。

（2）推广测土配方施肥技术、施用有机肥、缓释肥，肥料使用符合《肥料合理使用准则》的要求。

（3）农业固体废物污染控制和资源综合利用可按农业固体废物污染控制技术导则要求进行，农药瓶、废弃塑料薄膜、育秧盘等农业生产废弃物及时处理，农膜回收率达 80%，农作物秸秆综合回收率≥ 70%。

（4）畜禽养殖场（小区）污染物排放应符合 GB 18596—2001 标准的要求，畜禽粪便综合利用率≥ 80%，病死畜禽无害化处理率达 100%，水产养殖废水应达标排放。

2. 工业污染防治

村域内工业企业生产过程中产生的废水、废气、噪声、固体废物等污染物达标排放，工业污染源达标排放率达 100%。

3. 生活污染防治

（1）生活垃圾处理

①应建立生活垃圾收运处置体系，生活垃圾无害化处理率≥ 80%。

②应合理配置垃圾收集点、建筑垃圾堆放点、垃圾箱、垃圾清运工具等，并保持干净整洁、不破损、不外溢。

③推行生活垃圾分类处理和资源化利用，垃圾应及时清运，防止二次污染。

（2）生活污水处理

①应以粪污分流、雨污分流为原则，综合人口分布、污水水量、经济发展水平、环境特点、气候条件、地理状况以及现有的排水体制、排水管网等确定生活污水收集模式。

②应根据村落和农户的分布，可采用集中处理或分散处理或集中与分散处理相结合的方式，建设污水处理系统并定期维护，生活污水处理农户覆盖率≥ 70%。

（3）清洁能源使用

应科学使用并逐步减少木、草、秸秆、竹等传统燃料的直接使用，推广使用电能、太阳能、风能、沼气、天然气等清洁能源，使用清洁能源的农户比率 >70%。

（4）生态保护与治理

①对村庄山体、森林、湿地、水体、植被等自然资源进行生态保育，保持原生态自然环境。

②开展水土流失综合治理，综合治理技术按 GB/T 16453—2008 标准的要求执行；防止人为破坏造成新的水土流失。

③开展荒漠化治理，实施退耕还林、还草。规范采砂、取水、取土、取石行为。

④按 GB 50445—2019 标准的要求对村庄内坑塘河道进行整治，保持水质清洁和水流通畅，保护原生植被。岸边宜种植适生植物，绿化配置合理、养护到位。

⑤改善土壤环境，提高农田质量，对污染土壤按污染场地土壤修复技术导则的要求进行修复。

⑥实施增殖放流和水产养殖生态环境修复。

⑦外来物种引种应符合相关规定，防止外来生物入侵。

（三）村容整治

1. 村容维护

（1）村域内不应有露天焚烧垃圾和秸秆的现象，水体清洁，无异味。

（2）道路路面平整，不应有坑洼、积水等现象；道路及路边、河道岸坡、绿化带、花坛、公共活动场地等视觉范围内无明显垃圾。

（3）房前屋后整洁，无污水溢流，无散落垃圾，建材、柴火等生产生活用品集中有序存放。

（4）按规划在公共通道两侧划定一定范围的公用空间红线，不得违章占道和占用红线。

（5）宣传栏、广告牌等设置规范、整洁有序，村庄内无乱贴乱画乱刻现象。

（6）划定畜禽养殖区域，人畜分离；农家庭院畜禽圈养，保持圈舍卫生，不影响周边生活环境。

（7）规范殡葬管理，尊重少数民族的丧葬习俗，倡导生态安葬。

2. 环境绿化

（1）村庄绿化宜采用本地果树林木花草品种，兼顾生态、经济和景观效果，与当地的地形地貌相协调；林草覆盖率山区≥ 80%，丘陵≥ 50%，平原≥ 20%。

（2）庭院、屋顶和围墙提倡立体绿化和美化，适度发展庭院经济。

（3）古树名木采取设置围护栏或砌石等方法进行保护，并设标志牌。

3. 厕所改造

（1）实施农村户用厕所改造，户用卫生厕所普及率 >80%，卫生应符合《农村户厕卫生规范》的要求。

（2）合理配置村庄内卫生公厕，不应低于 1 座 /600 户，按 GB 7959 标准的要求进行粪便无害化处理，卫生公厕有专人管理，定期进行卫生消毒，保持干净整洁。

（3）村内无露天粪坑和简易茅厕。

4. 病媒生物综合防治

按照《病媒生物应急监测与控制》的要求组织进行鼠、蝇、蚊、蟑螂等病媒生物综合防治。

五、经济发展

（一）基本要求

1. 制订产业发展规划，三产结构合理，融合发展，注重培育惠及面广、效益高、有特色的主导产业。

2. 创新产业发展模式，培育特色村、专业村，带动经济发展，促进农民增收致富。

3. 村级集体经济有稳定的收入来源，能够满足开展村务活动和自身发展的需要。

（二）产业发展

1. 农业

（1）发展种养大户、家庭农场、农民专业合作社等新型经营主体。

（2）发展现代农业，积极推广适合当地农业生产的新品种、新技术、新机具及新种养模式，促进农业科技成果转化；鼓励精细化、集约化、标准化生产，培育农业特色品牌。

（3）发展现代林业，提倡种植高效生态的特色经济林果和花卉苗木；推广先进适用的林下经济模式，促进集约化、生态化生产。

（4）发展现代畜牧业，推广畜禽生态化、规模化养殖。

（5）沿海或水资源丰富的村庄，发展现代渔业，推广生态养殖、水产良种和渔业科技，落实休渔制度，促进捕捞业可持续发展。

2. 工业

（1）结合产业发展规划，发展农副产品加工、林产品加工、手工制作等产业，提高农产品附加值。

（2）引导工业企业进入工业园区，防止化工、印染、电镀等高污染、高能耗、高排放企业向农村转移。

3. 服务业

（1）依托乡村自然资源、人文禀赋、乡土风情及产业特色，发展形式多样、特色鲜明的乡村传统文化、餐饮、旅游休闲产业，配备适当的基础设施。

（2）发展家政、商贸、美容美发、养老托幼等生活性服务业。

（3）鼓励发展农技推广、动植物疫病防控、农资供应、农业信息化、农业机械化、农产品流通、农业金融、保险服务等农业社会化服务业。

六、公共服务

（一）医疗卫生

1. 建立健全基本公共卫生服务体系。建有符合国家相关规定、建筑面积 ≥ 60 m^2 的村卫生室；人口较少的村可合并设立，社区卫生服务中心或乡镇卫生院所在地的村可不设。

2. 建立统一、规范的村民健康档案，提供计划免疫、传染病防治及儿童、孕产妇、老年人保健等基本公共卫生服务。

（二）公共教育

1. 村庄幼儿园和中小学建设应符合教育部门布点规划要求。村庄幼儿园、中小学学校建设应分别符合《中小学、幼儿园安全技术防范系统要求》《农村普通中小学校建设标准》的要求，并符合国家卫生标准与安全标准。

2. 普及学前教育和九年义务教育。学前一年毛入园率≥ 85%；九年义务教育目标人群覆盖率达 100%，巩固率≥ 93%。

3. 通过宣传栏、广播等渠道加强村民普法、科普宣传教育。

（三）文化体育

1. 基础设施

（1）建设具有娱乐、广播、阅读、科普等功能的文化活动场所。

（2）建设篮球场、乒乓球台等体育活动设施。

（3）少数民族村能为村民提供本民族语言文字出版的书刊、电子音像制品。

2. 文化保护与传承

（1）发掘古村落、古建筑、古文物等旧乡村文化进行修正和保护。

（2）搜集民间民族表演艺术、传统戏剧和曲艺、传统手工技艺传统医药、民族服饰、民俗活动、农业文化、口头语言等乡村非物质文化，进行传承和保护。

（3）历史文化遗存村庄应挖掘并宣传古民俗风情、历史沿革、典故传说、名人文化、祖训家规等乡村特色文化。

（4）建立乡村传统文化管护制度，编制历史文化遗存资源清单，落实管护责任单位和责任人，形成传统文化保护与传承体系。

（四）社会保障

1. 村民普遍享有城乡居民基本养老保险，基本实现全覆盖，鼓励建设农村养老机构、老人日托中心、居家养老照料中心等，实现农村基本养老服务。

2. 家庭经济困难且生活难以自理的失能、半失能 65 岁及以上村民基本养老服务补贴覆盖率≥ 50%。农村五保供养目标人群覆盖率达 100%，集中供养能力≥ 50%。

3. 村民享有城乡居民基本医疗保险参保率≥ 90%。

4. 被征地村民按相关规定享有相应的社会保障。

（五）劳动就业

1. 加强村民的素质教育和技能培训，培养新型职业农民。

2. 协助开展劳动关系协调、劳动人事争议调解、维权等权益保护活动。

3. 收集并发布就业信息，提供就业政策咨询、职业指导和就业介绍等服务；为就业困难人员、零就业家庭和残疾人提供就业援助。

（六）公共安全

1. 根据不同自然灾害类型建立相应防灾设施和避灾场所，并按有关要求管理。

2. 应制订和完善自然灾害救助应急预案，组织应急演练。

3. 农村消防安全应符合《农村防火规范》的要求。

4. 农村用电安全应符合《农村安全用电规程》的要求。

5. 健全治安管理制度，配齐村级综治管理人员，应急响应迅速有效，有条件的可在人口集中居住区和重要地段安装社会治安动态视频监控系统。

（七）便民服务

1. 建有具备综合服务功能的村便民服务机构，提供代办、计划生育、信访接待等服务，每一事项应编制服务指南，推行标准化服务。

2. 村庄有客运站点，村民出行方便。

3. 按照生产生活需求，建设商贸服务网点，鼓励有条件的地区推行电子商务。

七、乡风文明

1. 组织开展爱国主义、精神文明、社会主义核心价值观、道德、法治、形势政策等宣传教育。

2. 制定并实施村规民约，倡导崇善向上、勤劳致富、邻里和睦、尊老爱幼、诚信友善等文明乡风。

3. 开展移风易俗活动，引导村民摒弃陋习，培养健康、文明、生态的生活方式和行为习惯。

八、基层组织

（一）组织建设

应依法设立村级基层组织，包括村党组织、村民委员会、村务监督机构、村集体经济组织、村民兵连及其他民间组织。

（二）工作要求

1. 遵循民主决策、民主管理、民主选举、民主监督。

2. 制定村民自治章程、村民议事规则、村务公开、重大事项决策、财务管理等制度，并有效实施。

3. 具备协调解决纠纷和应急的能力。

4. 建立并规范各项工作的档案记录。

九、长效管理

（一）公众参与

1. 通过健全村民自治机制等方式，保障村民参与建设和日常监督管理，充分发挥村民主体作用。

2. 村民可通过村务公开栏、网络、广播、电视、手机信息等形式，了解美丽乡村建设动态、农事、村务、旅游、商务、防控、民生等信息，参与并监督美丽乡村建设。

3. 鼓励开展第三方村民满意度调查，及时公开调查结果。

（二）保障与监督

1. 建立健全村庄建设、运行管理、服务等制度，落实资金保障措施，明确责任主体、实施主体，鼓励有条件的村庄采用市场化运作模式。

2. 建立并实施公共卫生保洁、园林绿化养护、基础设施维护等管护机制，配备与村级人口相适应的管护人员，比例不低于常住人口的 2%。

3. 综合运用检查、考核、奖惩等方式，对美丽乡村的建设与运行实施动态监督和管理。

第二节　乡村规划设计的基本内容

一、抓好规划编制

按照全域理念着眼长远发展，修编完善全县乡（镇）村庄布点规划，科学确定中心村、需要保留的自然村每个行政村原则上规划建设 1 个中心村。

围绕“三区一园”“四类村”和农村产业发展，进一步完善农村产业规划。按照尊重自然美、注重个性美、构建整体美的要求，不搞大拆大建、不求千篇一律、不搞一个模式、不用城市标准和方式建设农村，做到依山就势、聚散相宜、错落有致，编制美丽乡村建设规划。在规划和实施过程中，应充分考虑人口变化和产业发展等因素，保留建设和发展空间，引导农民集中在中心村。新建房屋面积不得超过政策规定的标准，严禁在村庄规划区外新建房屋。

二、改善农村环境

在美丽乡村总体规划中，危旧房、猪舍、厕所、院墙必须无偿拆除。对村庄内河流、沟渠、池塘进行清污，对水塘进行扩挖，房前屋后垃圾进行清理。对村庄内现有树木进行保护，利用不宜建设的废弃场地和路旁、沟渠边、宅院及宅间空地，采取小菜园、小果园、小竹园、小茶园等形式进行绿化。对村庄电力、通信等杆线进行整理，确保杆线整齐规范。结合环境保护、清洁工程、小农用水、沼气等相关工程，综合改造农民水族馆，将上水条件转变为冲厕。由村民理事会牵头，确定卫生保洁人员或采取轮户保洁办法，配备垃圾清扫收集工具，建立卫生保洁、“门前三包”等制度，督促村民主动做好房前屋后卫生保洁，自觉清除村庄内垃圾杂物，做到垃圾日产日清，公共活动场地、道路、河道无垃圾、无杂物。

三、统一房屋风貌

按照当地建筑风格对已建房屋进行统一改貌，墙以白色为主、瓦以灰（红）色为主、屋顶以坡面为主，美丽乡村示范点房屋风貌需统一。整治过程中可保留连续红色瓷砖。新建房屋要严格按照住建部门提供的建房图纸，统一建筑风貌。

四、完善基础设施

根据乡村联动示范乡建设规划，乡村联动工程重点建设“一线一面一街”即入口至镇区一线景观、绿化亮化、排水排污设施建设，镇区老街街道排污排水管网及房屋立面改造提升建设以及沿河线一线景观、绿化亮化建设等。

五、配套服务功能

按照中心村建设标准美丽乡村示范点配置“11+4”基本公共服务和基础设施项公共服务，包括中小学、幼儿园、卫生所、文化站（或文体活动室）、图书室（或农家书屋）、乡村金融服务网点（或便民自动取款机）、邮政所（或邮政便民点）、农村综合服务社（含农资店、便民超市）、农贸市场（或集贸点）、公共服务中心基础设施即公交站、垃圾中转站、污水处理设施、公厕。基本公共服务设施应尽可能地靠近村庄的几何中心，以方便居民使用。

六、做强产业支撑

全面开展农村土地综合整治，建设高标准农田，引导农村土地承包经营权向专业大户、家庭农场和农民专业合作社流转，大力发展农业特色产业，做强农业特色产业村。充分利用丰富的乡村旅游资源，串联美丽乡村旅游线路，发展星级农家乐，加强旅游休闲产业村建设。依托村级现有的传统工业基础，积极发展木材、竹制品、农产品加工等产业，加强特色产业村建设。挖掘乡村文化元素，对村庄内的古民居、祠堂、牌坊等历史遗存予以保护性修复，做强文化特色村。

乡、村庄规划是相对于城市规划而言的，集聚于乡村地区和乡村聚落，是对未来一定时间和乡村范围内空间资源配置的总体部署和具体安排，也是各级政府统筹安排乡村空间布局，保护生态和自然环境，合理利用自然资源，维护农民利益的重要依据。乡村规划的科学编制与实施对乡村地区的有序建设和可持续发展具有引导和调控作用。

村庄规划是在乡镇居民点规划所确定的村庄建设原则的基础上，为实现经济和社会发展目标而制订的一定时期内的发展计划。村庄规划的根本任务是确定村庄的性质和发展方向，预测人口和用地规模、结构，对村庄进行用地布局，合理配置各项基础设施和主要公共建筑，安排主要的建设项目和时间顺序，并具体落实近期建设项目，其规划的目的是满足村庄居民生产、生活的各项需求，创造与当地社会经济发展水平相适应的人居环境。村庄规划具有很高的科学性和严肃性，是村庄建设和管理的重要依据，村庄规划作用的发挥主要是通过对土地使用的分配和安排来实现的，具体包括以下几个方面：应注重保障村民的公共利益，形成村庄建设的公共政策，描述村庄的未来形象，并且应坚持因地制宜、突出特色；节约用地、保护耕地；统一规划、分步实施；高起点规划、高标准建设；保护生态环境、改善卫生条件。村庄规划是依据农村的社会经济发展目标和环境保护的要求，根据县域规划和乡镇规划等上位规划的要求，在充分调查和研究村庄的自然环境、历史变迁的过程和经济发展条件等方面的基础上，确定合理的规模，选择建设用地和住宅建设方式，综合安排各项公共服务设施和工程设施，主要包括各类建设用地规模确定，合理进行用地布局、具体安排供水、排水、供热、供电、电信、燃气等设施等内容。

我国的村庄规划始于改革开放之初，并伴随着改革的深入和农村社会经济的繁荣而逐步发展和完善。随着城镇化快速推进和市场经济不断发展，传统乡村社会面临解体，乡村建设日益活跃，空间形态变化剧烈，“村村点火，户户冒烟”就是一个时期乡村的生动写照。在新形势下，国家制定了一系列方针政策，如社会主义新农村建设、城乡统筹、城乡一体化发展以及农村土地制度改革等措施，使得乡村建设和发展获得了更多的支撑和路径的转变。目前，我国的城市化进程不断加速，今后 10~20 年中将有数以亿计的农民迁入城市，几千年来稳定不变的农村必将出现重大变革。农村人口的锐减，必然带来农村生活、生产方式和居住环境的根本性的重构。在这个过程中，村庄规划建设将成为其他各项事业发展的基础。村庄规划是农村建设的龙头，规划工作的展开对于改善农村面貌、提高农民生活水平具有积极的促进作用。村庄规划是指导村庄建设的科学手段。搞好村庄规划，对于推进全面建设小康社会具有重要意义，也是解决“三农”问题的重要方面。村庄规划应以科学的发展观为指导，统筹城乡经济社会发展，充分发挥城市对农村的带动作用和农村对城市的促进作用，带动农村产业结构调整和社会关系变化，转变落后的思想观念，树立现代化意识，通过农村的繁荣，进一步促进城市的发展，最终实现城乡协调发展。

第三节　乡村规划的模式

建设现代美丽乡村，是当前世界上任何一个国家或者地区通过传统社会发展向现代社会逐渐转型过程中的一个重要阶段发达国家以及我国的一些比较先进的地区现在也经历了这重要的历史阶段，并且取得了非常好的成就，同样也积累了非常丰富的历史经验。只有对其做出总结与分析，才能够在美丽乡村建设过程中少走弯路。

费孝通也曾经提出了“模式”的基本概念，即“在一定地区、一定历史条件下，具有特色的发展路子”。乡村发展的模式最终都要体现于地域层面，也就是在特定的自然、经济条件之中，因为产业结构、技术构成、生产强度、要素组合等多个类型之间存在的不同，进一步形成比较特殊的地区经济发展模式。

一、国外美丽乡村建设的模式

发达国家在城市化的初期，因为城市的迅速扩张而导致城乡发展的不平衡，从而产生一系列的问题，如农村劳动力逐渐老化、农村景观丧失。之后，发达国家迅速进入一个重要的调整阶段，乡村建设发展逐渐受到政府的重视。

（一）韩国“新农村运动”模式

韩国位于朝鲜半岛南部，国土面积只有 9.92 万 km^2，并且耕地只占国土面积的约 22%，平均每一户有一公顷多，人口密度每平方千米大约为 480 人。20 世纪 60 年代，韩国在国内迅速推动了现代城市化发展，导致城乡之间发展的严重不平衡，农村问题异常突出。农民的收入非常低，甚至有 80% 的农民基本的温饱问题都没有得到有效解决，农民意识也出现了消极懒惰的状况。在这样的历史背景之下，时任总统的朴正熙提出了以农民、相关机构、指导者间合作作为主要前提的“新村培养运动”的倡议，随后则称之为“新农村运动”。通过10年的不懈努力，韩国的农村终于改变了落后的面貌。

1. 主要内容及实施

韩国的“新农村运动”主要内容有三方面：一是改善农民的居住环境。韩国政府主要是以实验的性质提出来对基础环境加以改善的十大事业，也就是进一步修缮围墙、挖井引水、改良屋顶、架设桥梁以及整治溪流等多方面的措施，改变农村的基本面貌。二是进一步增加农民的收入，通过耕地的整治、河流的整理、道路的修建、改善农民的基本生活条件；新建新乡村工厂，吸纳当地的农民特别是农村妇女就业，大量增加农业之外的收入。三是发展公益事业，大力修建乡村会馆，为村民提供可以经常使用的公用设施与活动场所。

2. 主要成效与问题

经过长达30多年的不断努力，韩国的“新农村运动”发展也取得了很大的成功，农村的公共设施建设以及农业的生产条件都获得了非常明显的加强，乡村的环境以及面貌也都得到了显著的改善，并且在增加农民的所得方面取得了非常惊人的成效，国民收入由原来的人均85美元，已经跃升到2004年时的人均14 000美元；城乡的收入比也进一步缩小到了1.06 ∶ 1，世界领先。农村的人口由原来的接近70%减少为现在的7%。“新农村运动”一词也已经被列入《大不列颠》大辞典中，被世界公认为“汉江奇迹”。

3. 韩国新村成功事例——忠北月岳山药草村

月岳山药草村位于国立公园月岳山的西边，风景秀丽。土地肥沃，特用、药用等经济作物丰富，是拥有自然观光资源的观光村庄。

德山有很多药材，目前生产、栽培着红花、当归等20多种药材。除此之外，月岳山沙参、各种山野菜、辣椒等非常有名，其功效和味道大家非常认可。

最初村子的条件非常恶劣，农舍还是茅草屋；人均年收入才几十美元。后来在新农村运动中，当地政府通过农村信息化培训，开展地区居民的启蒙运动，使得村子的整体面貌焕然一新，成了人均年收入约 1 万美元的明星村。

（二）德国的“村庄更新”模式

德国开展的“村庄更新”模式的一个非常重要的内容就是对老的建筑物加以修缮、改造、保护与加固；改善与增加村内的公共基础设施；对一些闲置的旧房屋实施修缮与改造；对山区以及一些低洼易涝的地区增设防洪的基本设施，修建人行道、步行区，改善村内的基本交通情况。

德国的村庄更新也具有一定的程序。首先，当地的村民提出来对村庄进行改造的申请之后，需要通过当地政府审核；审核通过之后才可以展开改造工程建设；其次，在确认好申请的相关事情之后，具有一定的可行性和必要性建设计划，需要将申请的村庄纳入更新的计划中去；最后，由土地所有者组成一个合适的团体，还需要专门聘用相应的规划师和建筑师，在对村落的基础资料做出非常详细的研究基础上进行有效的设计加工，其中主要包括对人文条件资料以及自然条件资料的规划和审核。因此，德国的村落更新计划之中所采取的措施，重点依赖当地村民的积极参与和政府大力的支援，不仅建立在十分科学严谨的调查和分析的基础上，同时还进一步吸取广大村民的宝贵意见，因此十分方便操作和实施。

这里选择多次获得德国州、联邦、国家和欧盟村庄更新奖的位于巴伐利亚州上法尔茨地区的鲁普堡村更新规划为例。鲁普堡面积约 3060 km^2，村庄更新例子是鲁普堡的三个较大地区中的一个，可以称为鲁普堡市场。鲁普堡市场位于丘陵地区，地势起伏较大，在山顶有个老城堡，称为鲁普堡。城堡南侧沿山坡是当地第一个居民点，这也构成了鲁普堡历史性的核心区。鲁普堡市场村庄更新区域就是这个历史老核心区。

1. 存在问题

（1）人口老龄化趋势。近年鲁普堡地区人口虽然不断增长，但是年龄已经显现出老龄化趋势，年轻人比例下降较快，反映出年轻人的外迁趋势。

（2）就业和经济发展。因为农业经济结构调整，鲁普堡地区农业经济企业从1979年的104个减少到2007年的40个。在村庄更新实施之前，有近2/3的就业人口是奔波于居住地和工作单位之间的。根据对当地居民的调查结果，当地商业服务严重不足，近途交通和餐饮服务也令人不满意。

（3）历史核心区功能的丧失。当地居民区结构的显著特征是过高的建筑密度，建筑物占地面积和交通空间狭小，给交通安全带来隐患。拥挤的空间导致传统手工业无法继续生存和发展，这些企业要么已经迁出，要么随着时间推移逐渐消失。居民住宅也受到较大影响，老的历史性保护建筑物不能满足居民居住要求，不少居民干脆放弃这些老住宅，而选择在外面新建居所。这导致老核心区住房空置越来越多，鲁普堡市场开始从里向外不断“空心化”，区域功能不断丧失。

（4）居民对村庄发展失去自我认知。当地居民对他们所居住的村庄及存在问题已经习以为常，缺少必要村庄发展自我认知和自我价值感，缺乏对他们生活的村庄实施更新改造的动力。

2. 村庄更新

针对上述问题，鲁普堡村民决定开展村庄更新。鲁普堡村庄更新采取的是依据《土地整理法》实施的正式规划，更新区域是鲁普堡历史市场区域，面积14 km^2。负责更新的政府部门是上法尔茨地区土地发展局。

首先，通过村民积极参与制定了村庄更新指导原则，这些指导原则决定了整体更新计划，即村民要生活得比以前更好，对生活所在地鲁普堡更有归属感和自豪感；鲁普堡应该被发展成为一个对年轻人和老人、当地人和外来移民来说都能感受幸福生活的地方，成为一个漂亮的、独立的、拥有历史的村庄，既现代又保持传统。

其次，根据这个指导原则，制定了相应的实施措施。第一，在居民积极参与下制定指导原则；第二，通过更新建筑物、优化基础设施、改变土地利用、重新建设等措施，使鲁普堡历史核心区恢复活力；第三，对私人促进的28个项目申请提供了约215万欧元的投资，净资助额达到23.8万欧元。

最后，通过引进专家、合作伙伴、结合其他规划和促进项目，确保村庄规划项目的成功实施。

3. 更新进程

鲁普堡村庄更新的时间进程如下：

(1)1987年，正式开始村庄更新计划；

(2)1988年，鲁普堡村庄更新准备；

(3)1989年，研究“村庄更新指导原则”项目；

(4)1990—2000年，鲁普堡村庄更新实施；

(5)2004年，获得德国“我们的村庄应该更美丽”联邦竞赛铜奖；

(6)2006年，获欧洲村庄更新奖“村庄更新特殊贡献奖”。

鲁普堡村庄更新成功之处不仅在于经过充分前期准备和采用适当方法，还有全体村民的积极参与，在村庄更新过程中找回了村民对村庄的自我认知。

成功因素包括：

(1) 非常重视村庄历史，获得村民广泛认可；

(2) 充分细致的现状调查和评价是后续更新步骤的基础；

(3) 公民参与制定指导原则是全面和长期持续村庄更新的基础；

(4) 全面的公民参与可以提高村庄更新措施的被接受度和对村庄发展的认知度，并有利于促进公民的参与热情；

(5) 村庄更新的长期性可以让更多居民产生对村庄更新的可持续认知，了解村庄内部发展和更新的必要性；

(6) 示范项目的及时实施有利于调动居民的参与热情；

(7) 产权调查和地籍测绘是村庄内部发展的基础；

(8) 选择历史核心区启动鲁普堡村庄更新，起到了项目启动和衔接作用；

（9）土地发展工具不仅有利于制定规划，也有利于更新措施实施，更可以集规划和实施为一体；

（10）政府部门积极的房地产管理避免了村庄错误发展，提高了协商灵活性；

（11）引入地区专业特色强化了小手工业企业发展；

（12）人的成功因素，引入了各种当地和地区专业人士，充分发挥了专家经验。

鲁普堡村庄更新的障碍主要有：

（1）方法上的障碍——缺少此次更新项目范围之外居民的参与；村庄更新目标没有与法律文件衔接起来，缺少法律效力。

（2）与专家相关的障碍——理论很难转化给居民，对大多数居民而言理论难以理解。

二、国内美丽乡村建设的模式

对于美丽乡村建设的模式，国内还没有一个比较统一的界定。一些地方主要是针对本地的实际，针对美丽乡村建设概念的理解也存在差异，所以，探索出了不同的风格模式和建设实践模式。

（一）安吉模式

浙江省安吉县是美丽乡村建设探索的成功例子。安吉县为典型山区县，在经历了工业污染的痛苦之后，该县最终下决心治理，在1998年放弃既定的工业立县道路，并且在2001年提出了生态立县发展的未来战略。安吉县计划利用10年的时间，通过“产业提升、环境提升、素质提升、服务提升”，努力将全县打造成为一个“村村优美、家家创业、处处和谐、人人幸福”的美丽乡村。

从2003年开始，安吉县就通过“两双工程”（双十村示范、双百村整治）以及美丽乡村的创建，极大地改善了社会的经济发展面貌，同时还拥有了“全国首个国家生态县”“中国竹地板之都”“中国人居环境范例奖”“长三角地区最具投资价值县市（特别奖）”等多个荣誉称号。

安吉县的美丽乡村建设设定的基本定位主要是立足县域抓提升，着眼于全省建设试点，面向全国做出示范，明确“政府主导、农民主体、政策推动、机制创新”的基本工作导向，逐步推进创建工作。安吉模式的成功为我们提供的一个十分重要的经验就是要突出生态建设、绿色发展。

安吉县美丽乡村建设，以“村村优美、家家创业、处处和谐、人人幸福”为目标，以“中国竹乡”品牌为依托，围绕打造现代化新农村样板的目标，突出美丽乡村核心区域品牌建设，走出了一条三产联动、城乡融合、农民富裕、生态和谐的符合地方特色的科学发展道路。

（1）实施“环境提升工程”，农村人居环境全面改善。规划是美丽乡村创建、统筹城乡发展的龙头，“安吉模式”强大的生命力也首先体现在规划上。村民是美丽乡村建设的主体，规划只有“接地气”，群众才能真拥护。安吉县按照“专家设计、公开征询、群众讨论”的办法，所有规划尊重村民意愿、经过村民同意，以确保村庄规划设计科学合理、村民满意。

在规划衔接方面，实现空间布局、功能分布和发展计划的统筹协调、紧密衔接。在此基础上，注重规划的全覆盖和可考核性，有序编制美丽乡村、风情小镇、优雅竹城规划，完成交通、旅游等各类专项规划，形成了覆盖城市乡村、涵盖经济社会的规划体系。

安吉县按照“四美”（尊重自然美、侧重现代美、注重个性美、构建整体美）要求，编制了《中国美丽乡村建设总体规划》和《乡村风貌营造技术导则》，各乡镇、村依据“三标”和《中国美丽乡村建设总体规划》，根据各自特点编制镇域规划，开展村庄风貌设计，着力体现一村一业、一村一品、一村一景。

安吉县对所有自然村落进行了村庄环境整治，重点整治村庄建筑乱搭乱建、杂物乱堆乱放、垃圾乱丢乱倒、污水乱泼乱排现象，积极开展改路、改水、改厕、改塘，使村庄人居环境达到布局优化、道路硬化、村庄绿化、路灯亮化、卫生洁化、河道净化、环境美化和服务强化的“八化”标准。通过美丽乡村建设，农民环境保护意识明显增强，农村环境质量大为改善。对建筑布局进行控制，在农民居住点建设上，因村制宜，大致分为城郊融合型、旧村改造型和拆迁整合型三种类型。

（2）实施“产业提升工程”，农村产业持续发展。安吉县注重优化产业布局，将全县原有 15 个乡镇和 187 个行政村按照宜工则工、宜农则农、宜游则游、宜居则居、宜文则文的宗旨，划分为“一中心五重镇两大特色区块”和 40 个工业特色村、98 个高效农业村、20 个休闲产业村、11 个综合发展村和 18 个城市化建设村。安吉县以农业为基础，大力发展现代乡村工业，注重产业配套衔接，实行村企结对帮扶，带动若干村发展特色经济，形成“一村一品”“一乡一业”块状集结的乡村工业集群。

（3）实施“服务提升工程”，农村公共事业不断进步。安吉县以城乡基本公共服务均等化为目标，大力推进基层公共服务体系建设，完善网络化管理、组团式服务，实现城乡公共交通、社区卫生服务、城乡学前教育、居家养老服务、广播电视等 11 个城乡公共服务平台的全覆盖。安吉县还深入实施劳动保障、就业信息发布平台建设，实现了城乡劳动就业信息互通共享，全县 187 个村有 184 个成为充分就业村，16 个村成为充分就业示范村。

（4）实施“素质提升工程”，农村乡土文化日益繁荣。美丽乡村创建的生命力在于乡村特色的彰显。安吉县在美丽乡村建设过程中非常注重对特色建筑的保护和地方特色文化内涵的挖掘。全县各乡镇、村在推进美丽乡村创建过程中，注重对当地从古到今饱含历史印记和文化符号的古宅（昌硕故居）、老街（报福老店铺）、礼堂（双一文革大礼堂）、民房（姚村石片屋）等古迹、古建筑的保留，并结合当地经济社会发展赋予其现代的新内涵。

安吉是个移民县，具有丰富的地方特色文化，在美丽乡村创建过程中，注重加强农村优秀民族、民间文化资源的发掘、整理和保护，建成一个中心馆（安吉生态博物馆）和 36 个地域文化展示馆，将孝文化、竹文化、造纸文化、茶文化、邮驿文化、移民文化、山民文化、少数民族文化等通过多种形式予以展示，涌现出了书画村、畲族文化村、生态屋、山民博物馆等各具魅力的文化景观，形成了农村吸引城市游客的一大卖点，并形成了威风锣鼓、竹叶龙、孝子灯、犟驴子、皮影戏等一大批乡村特色文艺节目。

（二）高淳模式

江苏省南京市的高淳区，针对美丽乡村的建设主要是以打造“长江之滨最美丽的乡村”为最终发展目标，以“村强民富生活美、村容整洁环境美、村风文明和谐美”作为主要的建设内容。

1. 鼓励发展农村特色产业

鼓励特色产业发展，使农村达到村强民富的生活美目标。高淳县把“一村一品、一村一业、一村一景”定位成基本的工作思路，针对村庄的产业与生活环境做出比较个性化的塑造以及特色化的提升，逐渐形成了古村保护型、生态田园型、山水风光型、休闲旅游型等多种发展特色、多种形态的美丽乡村建设情形，基本上实现了村庄的公园化。与此同时，通过跨区域的联合开发整合现有土地资源、以股份制的形式合作开发等，大力实施深加工联营、产供销共建、种养植一体等多种产业化的项目；深入群众开展村企结对等多项活动，建设一大批高效农业、商贸服务业、特色旅游业项目，使农民可以就地就近创业，以便解决就业问题，增加农民收入。

2. 努力改善农村环境面貌

通过改善农村环境，实现村容整洁的环境美发展目标。同时以“绿色、生态、人文、宜居”为主要基调，高淳区从2010年之后就集中开展了靓村、清水、丰田、畅路、绿林“五位一体”的美丽乡村建设活动。与此同时，结合美丽乡村的基本建设，扎实开展动迁、拆违、治乱、整破等专项行动，城乡的环境面貌得以根本优化。

3. 建立健全农村公共服务

通过对农村公共服务的改善，达到了村风文明和谐美的主要发展目标。高淳县重点完善公共服务发展体系的建设，深入推进现代农村社区服务中心以及综合用房的建设，深入开展各种形式的乡风文明建设活动，推动现代农民生活发展方式朝着科学、文明、健康方向不断前进、提升。

高淳区将继续秉持绿色发展战略不动摇，按照村容整洁环境美、村强民富生活美、村风文明和谐美的要求，着力推进美丽乡村建设，在2015年全区100%行政村达到美丽乡村建设标准，率先建成美丽中国示范区。

三、当前美丽乡村建设的有效模式

原农业部启动了“美丽乡村”创建工作之后，从2013年11月开始，全国已经有多达1100个乡村被正式确定为“美丽乡村”创建的试点区，基于这1 100个乡村的不同特征，按照不同类型地区的自然资源所具有的禀赋、社会经济的发展水平、产业发展的主要特点及民俗文化的传承差异，坚持做到因地制宜、分类指导的基本原则，美丽乡村的创建内容也得以因村施策、各有侧重、突出重点、整体推进。根据美丽乡村的创建重点与相关目标，主要分成下列几种主要的模式。

（一）产业发展型模式

这一模式主要集中在东部沿海等一些经济相对较为发达的地区，其主要特点表现为产业优势与特色十分明显。

典型的案例就是江苏省张家港市的南丰镇永联村，曾经被评为“江苏最穷、最小的村庄”。即便是这样一个小村庄，却创造出了一个快速发展的奇迹，现有的集体总资产多达350余亿元，村办企业永钢集团也已经实现了销售额380亿元的规模，利税高达23亿元，村民的年人均纯收入为28 766元，经济的综合实力一跃位居全国行政村的前三名。

以企带村的集体经济实力强，永联村的实践证明，村集体只有有了经济实力，才能够为新农村的建设“加油扩能”。最近10年来，永联村在建设过程中累计投入多达数亿元。村中的基础设施以及社会公共事业建设也都获得了快速的发展。村里的投资达到10多亿元，建设了小学、幼儿园、医院、商业街等配套工程。

随着集体经济实力的壮大，永联村不断以工业反哺农业，强化农业产业化经营。2000年，村里投巨资成立了“永联苗木公司”，将全村4 700亩可耕地全部实行流转，对土地进行集约化经营。这一举措，被永联村民称作“富民福民工程”，并获得了巨大的经济和社会效益。

（二）生态保护型模式

生态保护型的美丽乡村模式建设，重点是要体现在生态优美、环境污染少的地区，其主要特点就是自然条件非常优越，水资源与森林资源十分丰富，具有传统的田园风光与乡村典型特色，生态环境优势十分明显，将生态环境的优势变成经济优势的潜力非常巨大，适宜发展生态旅游。

浙江省安吉县的山川乡高家堂村地处环境优美的山川乡境内，全村的区域面积达到7 km^2，其中山林面积9 729亩，水田面积386亩，是一个竹林资源十分丰富、自然环境保护非常好的浙北山区村，区位优势十分明显，东邻余杭，南界临安。高家堂村的自然环境十分优美。该村充分利用这一典型的特色，发展生态旅游，同时进行正确的规划和建设指导。

高家堂村的发展特色重点有下列三个基本方面。

1. 科学规划，合理布局

高家堂村主要是以休闲经济发展为主线，注重经济的发展规划，聘请相关专家进行总体规划，由设计院进行专门的设计，完成了高家堂村庄的相关建设规划，将村现有的产业通过其节点加以串联，从而形成“一园一谷一湖一街一中心”的村休闲产业带，当前已经逐渐建设完成了七星谷、水墨农庄、环湖观光带等多处建设，东篱农业观光园、竹烟雨溪接待中心等项目也正在积极的建设过程中。

2. 生态产业，特色明显

高家堂村自始至终都将创建当作加快经济迅速发展、带动村民快速致富的重要落脚点，依据当地的实际情况，突出发展林业产业与生态休闲农业产业。

高家堂村的建设还以仙龙湖水库作为主要的辐射点，向周边进行扩散。近年来，省内外的游客接待率持续上升，使该村逐渐走上了一条融休闲、度假、观光、娱乐为一体的村庄可持续发展的经营道路。

3. 乡风文明，村容整洁

高家堂村十分注重生态文明建设，这里的民风格外淳朴，村民也都安居乐业。全村非常积极地保护现代生态环境，保持生态环境的原貌，实行卫生保洁等多种发展长效精细化管理机制，进一步提升了环境质量。村中还建设了阿科蔓污水处理池以及湿地污水处理池，对全村的农户生产生活污水做出集中的处理，以便达到排放标准。

此外，村民还积极自主学习舞蹈表演，在每天的傍晚都会自发地进行排舞等多种娱乐活动，进一步活跃了农村的业余文化生活。

（三）文化传承型模式

文化传承型的美丽乡村建设模式，主要是在具有非常特殊的人文景观的地区，其中还包括古村落、古建筑、古民居和传统文化发展的各个地区，其主要的特点就是乡村文化的资源十分丰富，具有非常优秀的民俗文化和非物质文化，文化展示与传承的潜力非常大。

典型的案例就是河南省洛阳市孟津县平乐镇的平乐村。平乐村从东汉明帝永平五年（公元 62 年）开始，为了迎接西域入贡的飞廉、铜马筑平乐观而得名，一直到现在，久负盛名，被誉为物华天宝、人杰地灵的胜地，向来就有“金平乐”“小洛阳”的美称。平乐村坐落在平乐镇的南部地区，南邻洛阳著名景点白马寺，距离洛阳市 12 km，交通非常便利，地理位置十分优越，而且历史非常悠久，文化底蕴十分深厚，素有“书画之村”的美称。

平乐村作为牡丹画的重要生产基地，被誉为“农民牡丹画创作第一村”。孟津县充分利用了当前洛阳牡丹的重要影响力，张扬自身的重要优势，明确未来的发展目标，采取多种措施，拓展销售渠道，将平乐村打造成为中国牡丹画产业的重要发展中心，建成全国最大的生产销售牡丹画加工基地，实现了平乐牡丹画经济发展效益与社会效益的双丰收。

他们的做法有下列几个方面。

1. 加强领导，成立协会

为保证平乐牡丹画产业工作的顺利实施，平乐镇成立了重点发展牡丹画产业的专门领导小组，同时还成立了平乐镇牡丹书画院，采用协会的形式做出了统一的管理，将大家的牡丹画创作和市场的相关需要进行了有机结合。

2. 加强宣传，举办画展

加大宣传力度，营造牡丹文化的热烈氛围，在进村路口到平乐中心街的道路两侧刷上绘制宣传标语以及牡丹图案，在牡丹画的商贸城中间也设置了一些大型的宣传广告牌。围绕牡丹画的市场策划进行了多种多样的宣传活动，吸引了大量新闻媒体进行采访，加强了对外的大力宣传，提高了平乐镇的知名度。充分利用现代互联网资源，开辟出平乐牡丹画的宣传专栏。每年的洛阳牡丹花会时期都会举办一次平乐牡丹书画展以及牡丹产品的博览会，并且会邀请市、县美协等各方面的专业人员参与评选“优秀牡丹画师”“牡丹画新秀”各 10 名，不仅扩大了平乐牡丹画的影响力，还极大地提升了其市场的占有率。

3. 加强培训，壮大队伍

组织并加强书画艺术创作的普及工作，制订出完备的人才培训计划，对书画从业人员做出定期的培训，极大地提高从业者的绘画技能，培养书画创作的后继人才。充分发挥出了平乐牡丹书画院在创作过程中的组织引导作用，聘请了全镇最为优秀的画家举办牡丹画的培训班，每年都由书画院举办三四场牡丹画专门培训班，培训的人次每年有 20~150 人，充分发挥了当代现有画家“传、帮、带”

的作用，每名画家在每年都会帮带多达10~15名的新学员。加强牡丹画创作的梯队建设，引导全镇中小学校增设牡丹画法、画技方面的内容，各中小学也积极地创造有利条件，加强相关师资力量的建设。

4. 加强引导，资金扶持

镇政府每年都会设立专项的培训资金，培养出了一大批可以拓展市场的牡丹画销售人员，每年也都会对在牡丹画对外销售过程做出突出贡献的销售能人给予重奖。与此同时，政府还专门组织画家外出进行市场考察，发展写意牡丹画与工笔牡丹画，进一步吸引了更多群众参与牡丹画的创作。

（四）休闲旅游模式

休闲旅游型的美丽乡村规划设计模式，重点是在一些比较适宜发展乡村旅游的区域，其主要特点就是旅游资源十分丰富，住宿、餐饮、休闲娱乐的基础设施十分完善，交通非常便捷，距离城市通常都比较近，适合城市人在农村进行休闲度假，发展乡村的旅游潜力非常大。

这类模式的发展，最为典型的案例是江西省婺源县江湾镇。该镇地处江西省婺源县的东部，距离婺源县城只有28 km的路程，属于国家5A级旅游景区，是国家级文化和生态旅游景区的重点单位。该镇将旅游产业当作发展的“第一产业”“核心产业”进行打造，持续提升旅游的品质，进一步增强了旅游转型升级的步伐，着力构建融观光、度假、休闲、体验为一体的旅游体系。

1. 探索古村落保护机制

进一步加大古村落的相关保护力度，对江湾村、晓起村做出环境风貌的整治，再现了“青砖小瓦马头墙，回廊挂落花格窗”风貌。

2. 深入挖掘民俗旅游

将有独特特色的节庆习俗、饮食习俗等以民俗表演的形式呈献给游客，形成了一道乡村旅游独特的新亮点。

3. 初步建成篁岭民俗文化村

该景区的建成营业标志着江湾旅游由原来的单一观光型旅游逐渐朝着休闲度假、文化娱乐、民俗体验、旅游会展等多种综合配套型逐渐发展转变。

（五）高效农业型模式

高效农业型的美丽乡村模式建设重点是我国的农业主产区，其典型特征就是以发展农业作物生产为重点，农田水利等农业基础设施相对比较完善，农产品的商品化率与农业的机械化发展水平比较高，人均耕地的资源丰富，农作物的秸秆产量相对比较大。

高效农业型模式的最典型案例就是福建省漳州市的平和县三坪村，该村一共有山地 60 360 亩，毛竹 18 000 亩，种植蜜柚 12 500 亩，耕地 2 190 亩。该村在创建美丽乡村过程中充分发挥了林地资源优势，采用“林药模式”打造金线莲、铁皮石斛、蕨菜种植基地，以玫瑰园建设带动花卉产业发展，壮大兰花种植基地，做大做强现代高效农业。

三坪村属于全县美丽乡村建设的重要示范窗口。多年以来，平和县共开展了 22 个美丽乡村示范村的建设项目，为全县乡村的旅游发展带来了无限的魅力，也给今后的平和美丽乡村建设发展起到了重要的示范作用。

（六）乡村旅居健康养老模式

伴随着中国逐渐步入老龄化社会，积极探索老龄人口的养老模式成为当下中国面临的重要课题。对庞大的乐龄群体而言，乡村旅居养老模式既符合老年人的休闲养生要求，又契合了乡村振兴战略。但现阶段乡村旅居产品未聚焦“健康”“安全”概念，且专业人才缺乏，适老化环境设计缺失，导致乡村旅居养老模式陷入困境。为推动乡村振兴与旅居养老模式的深度融合，必须构建起既懂乡村又懂养老的专业化人才队伍，依托健康、情感导向开发旅居产品，完成老年环境友好型社区改造，实现乡村发展与乐龄群体健康养老的双赢。

旅居养老作为社会化养老的新业态，将“乡村振兴”与“健康中国”进行了现实层面的衔接，具体而言，可从以下方面构建两者融合的路径。

1. 依托健康中国主旋律，打造安全、安心的适老化旅居产品

一个优异的产品设计不仅需要适应市场需求，还应在更大程度上引领消费者养成积极健康的生活方式。我国健康普查结果显示，超过 80% 的老年人患有慢性疾病，所以旅居产品的设计需扣紧健康主旋律，提供安全、安心的适老化产品，开展老年人身体评估、健康管理、营养膳食搭配等活动，实现旅居过程中的全方位服务和连续性照顾。

具体而言，在餐饮服务上，需考虑老年人身体特征，尊重老年人饮食习惯。一方面，可根据地中海饮食法合理安排膳食，尽量安排少油、少糖、少盐食物，条件允许的话，可配备营养师或健康管理师；另一方面，也需注意用餐环境，注意防滑、卫生、安静，保证老年人充足的用餐时间，适量提供部分适老化用餐辅具，保证进食存在障碍的老人顺利用餐。

在住宿条件上，鉴于老年人对睡眠环境的敏感性，要尽量安排安静、安全、舒适的住宿点；鉴于老年人运动功能衰退，也应尽量避免高楼层住宿，若旅居养老物业在 3 层及以上，则需配置电梯，建议安排采光好、通风好的房间。在房间内部设计上，要注意灯光适配老年人视觉需求，卫生间注意防滑，有条件的可设计紧急报警系统。

在旅居环境设计中，更要充分考虑老年人生理心理因素，提高环境安全感与内心安心感，确保社会治安安全、景区景点安全、交通设施设备安全，完善紧急应急通道、医疗救助点等基础保障设施。

2. 依托积极老龄化理念，打造情感导向的适老化旅居项目

为老服务工作恪守积极老龄化的理念，强调老年人的健康、参与和保障。因此，旅居养老产品要立足老年人的健康需求，提供让老年人可以积极参与到乡村生活中的机会，实现老年人赋权，让广袤的乡村成为安放老年人家国情怀的场域。因此，应深化旅居项目内涵，挖掘老年人怀旧元素，以营造旅居养老的情感空间。

每一位老年人都是时代的见证者，每一个个体展现在我们面前的都是岁月与

过往在他身上留下的悄无声息的痕迹。中国是一个从土地里长出来的国家，漫长的农业文明在国人心中根植了厚重的对土地的情感，特别是对于现阶段的城市老年人，他们一部分来自农村，无疑对村庄与土地有着深厚的眷恋；一部分在20世纪“上山下乡”运动中来到农村，度过了他们的青春岁月。因此，老年旅居产品可遵循情感导向，关注老年人的生命事件，差异化设计具有历史印记的产品，诸如怀旧游、纪念游，丰富旅居养老的形式和内涵，创造连续性需求。

情感导向的设计不仅有利于旅游业创造满意加惊喜的服务，培养客户忠诚度，更大程度上是对老年群体生命的回溯、记录与肯定，有利于老年人形成较好的自我认同，有利于积极老龄化的现实呈现。

3. 增强职业尊严与情感认同，打造旅居养老专业化服务人才队伍

乡村振兴、旅居养老的发展都离不开系统策划、科学宣传、合理经营以及优质服务，而这都需要依托一支专业的旅居养老人才队伍。因此，必须建立起一支既有情怀又懂专业的服务于乡村旅居养老行业的人才队伍，将广大农村打造成为真正意义上的旅居养老胜地。

首先，提升待遇与保障，实现职业赋权，让从业人员感受到职业尊严。半个世纪以来城乡发展不平衡，资源上的剪刀差导致乡村经济羸弱，人才在市场与经济的裹挟中外流，因此，专业旅居从业人员打造首先需要将人才留住，而待遇留人是基础。职业尊严，最直接体现的就是工资待遇。提高乡村从业者报酬，实现体面劳动，这是专业化人才培养的基础。

其次，对乡村旅居从业人员进行技能培养，提升专业化水平。对从业人员进行科学、系统的培训，从学理上提高他们对旅居养老的认识，提高其产品设计、日常经营和服务接待能力；分批组织从业人员前往旅居养老发展较成熟的地区或者专业的社会化养老机构观摩学习，学习他人优秀的运营管理模式和老年人照护知识；紧扣时代潮流，不断学习国际先进的康养理念和健康管理技术，吸收园艺疗法、芳香疗法等手段助力旅居养老，提升专业化水平。

最后，厚植人文情怀与孝爱精神，实现旅居养老从业人员的情感濡化。为老服务不仅是经济产业，更是公共事业。中国自古以来就有尊老爱老的文化底蕴，旅居养老专业人才的培养还需要挖掘乡土中国绵长的家国情怀、尊老风尚，培育从业人员的同理心，引入社会工作、老年心理学等课程，让他们学会移情与角色互换，体验、感知老年人的真实需求，培养他们对老年人的爱心、耐心和责任心，从而以更加积极、热情的状态投身为老服务工作。

4. 争取政策、资金支持，完善基础设施建设，打造老年友好型社区

依托“健康中国”与“乡村振兴”的顶层设计优势，积极争取政府为老年旅居产业提供积极的职能支持，制定合理的政策、法律法规制度来规范市场；同时争取国家政策对老年完善的社会福利保障制度的稳定支持，特别是养老金、退休金等一系列资金投入，从源头上保障旅居产业消费者的经济实力。

争取资金支持，调动一切可以利用的资源，完善医疗、交通、购物、网络等农村基础设施建设，尤其要关注旅居住宅的适老化环境改造，提供优质的睡眠环境、设计紧急报警系统，创造环境友好型社区。

第四节　乡村规划设计的技术路线

一、房屋新型结构技术

（一）结构技术类型

1. 新型砌体结构技术

砌体结构因为施工比较简单、工艺要求相对较低，当前仍然是中国中小城镇以及广大农村地区十分重要的一种建筑结构形式。新型的砌体结构技术通常采用的是新型砌体材料来代替黏土砖砌块，具有典型的节省耕地、保护环境、节约能源的基本社会效益和经济效益。

2. 钢筋混凝土结构技术

钢筋混凝土是一种比较节能的材料，重量轻、强度高，抗裂性能非常好，价格相对比较便宜，能够充分地利用地方砂石材料以及企业的工业废料。钢筋混凝土的结构体系往往能够充分地利用钢结构的强度高、抗拉性能好以及混凝土结构刚度比较大、抗压性能比较好的基本优点，降低结构的成本和节省材料，进而节省土地。

3. 钢结构技术

钢结构是一种能够充分体现绿色建筑基本原则的结构类型，新的结构边角料与旧结构拆除之后都能够被回收利用。同样的建筑物规模，钢结构在建造的过程中二氧化碳排放量仅仅相当于混凝土结构的 65% 左右，而且钢结构是干施工，较少使用砂、石、土、水泥等散料，进而能够从根本上避免产生尘土飞扬、废物堆积以及噪声污染等方面的问题。与此同时，钢结构体系因为其连接的灵活性，能够采用各种各样的节能环保型围护材料，进而能够带动节能环保型建筑材料的大力推广和应用。

4. 竹木结构技术

竹木结构建筑是一种绿色的建筑。木材自身的独特物理构造，使其具有非常好的保温隔热性能。同样的供暖、降温效果，木结构本身所消耗的电能只是砖混结构的 70% 左右。木材生产的时候一氧化碳与二氧化碳产生的排放量只是钢材的 1/3 左右。另外，木材也是一种可再生的资源，也能够进行再利用，拆卸下来的木料可以再次用于建设，即便是小料也能够当作能源、造纸等再利用。木结构的消耗能源是最少的，造成的污染也是最少的。

5. 信息化智能工业建筑技术

为电子信息技术在建筑智能化中快速发展，为建设项目管理提供各种支持，现在电子信息和智能技术已广泛应用于建筑工程领域，成为智能工地实现的基础。在应用过程中，要充分利用电子信息和智能技术的结合来提高项目管理的效率。

（1）智能化建筑

美国在包含智能建筑开发在内的许多领域均处于国际领先地位。现在有超过 7000 万家庭使用智能电子信息设备，像 3COM、摩托罗拉和微软等大型集团公司已经对智能建筑电子信息网络进行研究和开发。英特尔公司还推出了使用无线或有线方法实现物联网的系统。在 1984 年美国建造第一座智能大厦之后，德国、法国、日本等发达国家陆续建设智能大厦。日本和美国在 1985 年和 1986 年分别成立了智能建筑协会，根据相关调查，智能化建筑占日本新建筑的 60% 以上。虽然中国现在还没有制定有效的智能化建筑技术标准，但是可以通过智能建筑的概念和技术来形成全面的管理方法和标准，用于指导智能化建筑的建设。

（2）电子信息技术领域

现代先进科学技术体系的重要组成部分就是电子信息技术的应用，促进了中国的通信技术进步，促进了中国整体通信系统的升级和改革。随着中国对科学技术的不断关注，电子信息技术得到了飞速发展，广泛应用于工作、社会生活中，其中包括数字网络集成和异步系统传输等许多专业技术。伴随着中国推动多媒体宽带等信息化的发展，电子信息技术不断地朝着智能化方向发展，这在促进中国建筑业的自动化和智能化建设中发挥着重要作用，在改善人们的生活环境的同时，促进社会经济发展。

现代化建筑的重要发展方向就是建筑智能化，实现建筑智能化的重要条件之一就是电子信息技术的应用。当前随着社会经济的快速发展，对智能化建筑的需求越来越多，智能化建筑发展空间越来越大。因此，电子信息技术的从业人员要不断加强对电子信息技术在智能化建筑中应用的研究，推动电子信息技术与智能化建筑的有效结合，促进智能化社区的快速发展。

（二）房屋的节能技术内容

农村的建筑节能技术不仅降低了建筑的运行能耗，同时也通过降低建筑的材料制造以及建筑建造过程中的能耗进一步实现建筑的节能。具体技术措施主要包括以下几点。

1. 降低建筑的材料制造能耗

降低建筑的材料制造能耗主要包括把生产砖瓦的普通砖窑改造成轮窑、隧道窑、立式节柴窑等多种节能窑；把生产的实心砖改成空心砖；采用小水泥节能制造技术，降低单位水泥在制作过程中的生产能耗；换装新式节能建筑施工设备。

2. 降低建筑的冷热耗量

一是结合气候的相关特征并且经专业的规划布局，使住宅的选址趋于合理化。平面布局的整体外形应尽可能地减少凹凸部分，进而降低环境的温度对住宅能耗产生的影响。

二是通过围护结构的改进设计，使用一些复合墙体的建设技术，运用岩棉、水泥聚苯板、硅酸盐的复合绝热砂浆等相关的节能建筑材料，增加窗玻璃的层数、窗上加贴一些透明的聚酯膜、增加门窗的密封条、使用一些低辐射的玻璃、使用封装玻璃与绝热性能比较好的塑料窗等进一步增强门窗的绝热性能。屋面可采用高效保温屋面、架空型保温屋面、浮石沙保温屋面以及倒置型保温屋面等多种节能屋面，进一步降低外墙的传热系数，进而极大地提高围护结构的整体热阻性能。

3. 提高采暖系统的能源效率

提高采暖系统的能源效率主要包括采用省柴节煤采暖炉灶或者节能锅炉的设计，极大地提高能源使用效率；加强如架空炕烟道等一些空调系统结构的布局与气密性设计，从而减少损耗；建设被动式的太阳能利用设施，如日光温室和地源热泵等。

二、生态农业节水灌溉技术

（一）节水灌溉技术的类型

1. 渠道防渗节水灌溉工程技术

渠道属于农业灌溉的一种非常重要的输水方式，其防渗的技术也是提高水利用率十分重要的技术手段之一。这项措施的使用主要是为了进一步减少渠道输水的渗漏损失，采取一种建立不透水防护层的基本方式，依据完全不同的材料可以将其分为多种类型，一般都是使用土料、混凝土、水泥、塑料薄膜、沥青、砖石等。

2. 低压管道输水节水灌溉工程技术

低压管道的输水特点主要是充分利用低压管道来代替渠道把水直接输送至田间，具有设备简单、投资较低、输水效率高、节约土地等多重优点，主要应用于北方的机井灌区，对北方的灌区发展节水灌溉具有非常重要的现实意义。

3. 喷灌、滴灌节水灌溉工程技术

滴灌、微喷灌、小管出流、渗灌以及涌泉灌等一些灌溉技术都是微灌技术类型。喷灌、滴灌已经是当前农村灌区节水增产效果最好的一种田间灌溉工程，通常不会受到地形地貌的直接影响且不容易形成局部的水土流失与土壤板结，能够非常有效地改善土壤的微生物环境，为农田作物的发展营造出一个很好的生长气候，这是其他灌溉方法所不能比的。此外，喷灌、滴灌设施同样也都具备依据需要进行合理施肥、喷药等综合功能。喷灌、滴灌技术非常适合用在山丘地区与干旱缺水的地区。但是因为喷灌、滴灌工程的一次性投资非常大，技术含量要求比较高，管理的难度相对比较大，当前只是在田间的示范工程中有所应用且取得了非常好的效果。

4. 雨水汇集工程技术

在一些干旱、半干旱的山丘区域，通过比较合理的工程设计以及施工方案，建设雨水汇集的综合利用基本工程，把降雨形成的地面径流非常有效地汇集在一

起，有效避免了水资源流失，并且在最需要的时候供给农作物灌溉。如汇流表面薄层水泥处理工程技术、窖窑构建及布局工程技术等，有效地改变了常规看天吃饭的灌溉发展模式，充分利用窖灌的农业来确保水资源在时空层面的利用率，以便能够达到节水灌溉的目的。

（二）节水灌溉农艺技术

节水灌溉农艺技术主要包括耕作技术（蓄水保墒）、作物的合理布局、抗旱作物的相关栽培技术、覆盖保墒技术、控制性灌溉和作物调亏灌溉技术、土壤的保水剂、化学的调控以及生物方面的技术（抗旱品种的选育）等。

当前，农艺技术的普及性非常好，其中的生物技术、水肥耦合高效利用等一些全新的技术仍然需要进一步加强和研究，以满足美丽乡村建设的需要。

第三章　生态型乡村规划设计要点

第一节　美丽乡村整体规划设计

我国是一个农业大国，乡村面积较大，因此需要重视乡村景观规划设计工作，以现代农业资源为基础，依托于乡村自然生态环境，将乡村景观、经济生产有效地结合在一起，并重视先进技术的引进，从而打造出美丽的乡村，为现代农业、生态农业和高效农业的实现奠定良好的基础。

一、乡村整体规划设计的原则

（一）尊重和保护自然生态环境

在乡村景观规划设计过程中，需要遵循保护自然生态环境的原则。打造美丽的乡村，不能以破坏自然生态环境为代价，在具体规划设计过程中要充分地利用科学技术，并将其与人类及自然环境有效结合，从而打造出一个具有人文景观风貌的乡村，为农民提供一个更舒适的生活环境。

（二）尊重地域文化特色

在乡村景观规划设计时，需要保留乡村的原始风貌。乡村的民风民俗作为历史遗留下来的宝贵财富，在规划设计时要充分地保留这些历史宝藏，尊重地域文化特色，从而增加乡村的文化内涵。

（三）可持续性发展

在乡村景观规划设计过程中需要遵循可持续发展原则，有效地保护好乡村自然资源，避免出现乱砍滥伐的现象，充分地实现对环境资源的有效利用。

二、乡村整体规划设计的内容

（一）村落景观

村落作为一个综合体，属于一个较为复杂的系统。村落景观要具备较高的欣赏价值，以此来吸引旅游者，使游人能够享受景观资源。而且通过将社会、生态、文化和村落形态等诸多元素进行有效组合，从而形成错落有致的景观，为乡村打造出适宜开发旅游的风景。按照物质形态来对村落景观的要素形式进行划分，可以分为点、线、面三种形态。

1. 点

无论是在村落布局还是在景观效果上，点都具有非常重要的作用。点的存在会增强景观的中心感，使景观更具向心性和标志性。可以将村落景观看成一系列点状空间，将不同的节点进行组合，从而形成丰富的村落景观。

2. 线

点运动的轨迹即为线，同时线也是面运动的起点，线具备多种形态的造型元素，具有较强的表现性和概括性，因此在村落景观规划设计中，可将线作为街景艺术的重要单元，利用线来决定村落景观空间形态的轮廓线，并利用线来表现村落内部的结构和组成。乡村景观中的线性景观，在连接各景观要素中发挥着非常重要的作用，通过线性空间的曲直变化及动静结合，从而打造丰富及优美的村落景观。

3. 面

面在景观中分布范围十分广，而且具有非常好的连通性。在村落景观中，面充分地集合了村落景观诸要素的特征，不仅决定着景观的性质，而且对景观的动态发展也起着主导性的作用。

（二）农业观光园

在乡村景观规划设计中，农业观光园作为非常重要的一项内容，以休闲和观光作为主题，以高科技现代农业生产为基础，集多功能于一体，通过广泛的资源和多样的形式打造出来的乡村农业观光园能够吸引大批游人，成为乡村旅游不可或缺的主要形式。在农业观光园中，充分地将农业资源与旅游资源进行结合，将乡村特有的文化、民俗风情和技艺进行传承和延续，从而打造出具有特色的乡村景观。

（三）旅游配套服务设施规划

1. 公共服务设施

公共服务设施是指为游客在旅途中应对日常事件、突发事件，增加其逗留时间和消费的设施。此类服务设施具有布局分散、规模小的特点，同时又是游客旅游过程中必不可少的部分。因此，在乡村公共服务设施规划上，可以采取统一规划布局的措施，根据乡村的游客量、需求量，按照合理的服务半径，设置游客咨询中心、公厕、超市等，将各种服务设施遍及整个村域，构成完整的服务设施系统。

2. 旅游标识系统

旅游标识系统主要是反映乡村的景观节点、服务点及道路交通等旅游信息，指导游客能够快速、便捷地找到理想中的目的地。因此，在乡村入口、道路沿线、重要节点附近设置指示牌、标识牌，增加特色鲜明的景观元素，加强标志性特色，便于游客及时获得相关的导游信息。在标识景观设计中，根据乡村所处的区位、资源、环境，充分运用当地的材料，设计具有乡土气息的景观设施。

三、乡村整体规划设计方法

（一）尊重传统村庄肌理，构建聚落温馨格局

乡村在长期发展和演变过程中形成了更适应自然的环境，因此在乡村景观规划设计过程中，需要遵循传统村庄的肌理，有效地保护乡村原有的风貌，构造出温馨的乡村格局，为居民打造良好的生活氛围，增进居民之间的情感交流，营造

出温馨的氛围。同时，在乡村景观规划设计时，要通过合理的设计和布局，有效地保护好自然环境和资源，进一步挖掘对乡村规划有利的景观素材，从而打造出美观的乡村环境。

（二）发扬乡村的地域特色和魅力

乡村历史文化风貌及民俗文化等都是展示乡村特色的传统文化，也是当地百姓的精神财富。因此在乡村景观规划设计过程中，需要进一步突出地域民俗色彩，充分地运用乡村特色来使生活环境和自然环境有效地结合，展现出乡村景观的文化魅力，提升乡土气息。这不仅有利于推动乡村旅游业的发展，而且对带动乡村经济的发展也具有积极的意义。

（三）构造尺度宜人的乡村生活空间

乡村的居住部落和街道形成了乡村空间，其中街道起着有效的连接作用，以此来形成具有特色的乡村地理风貌。因此在乡村景观规划设计时，要遵循合理适宜的原则，更好地显示出道路布局的合理性，确保道路顺通，从而为居民生活带来更多的便利。而且在具体规划设计时，当需要添加一些公共服务设计时，不能给村民正常的生活带来影响，要通过科学的设计，采取合理的尺度，从而为村民打造一个舒适、宜居的乡村环境。

近年来我国农村取得了较快的发展，因此需要对乡村景观规划设计给予充分的重视。在具体规划设计过程中需要遵循因地制宜原则，依托于乡村的地域特色及自然环境资源，为村民打造出美丽宜人的乡村景观。乡村景观规划设计是一项系统、复杂的工程，不仅具备民俗色彩，同时还具备一定的文化底蕴，而且通过景观的规划设计，要有效地提升当地的经济效益，更好地带动当地的旅游业发展，为乡村经济的健康、持续发展奠定良好的基础。

第二节　美丽乡村居住空间设计

人类最主要的社会活动场所是我们的居住空间。居住空间模式可以反映一个国家或地区的经济生产水平、物质与精神文明、文化渊源等诸多方面。在人类生产生活中，人类的居住环境与自然相互依存。农村居住环境作为人类从事农业生产活动之后聚集形成的生活空间，是人类居住空间的重要组成部分。随着经济的快速发展，新农村建设正在稳步发展，人民生活水平不断提高。在新农村建设过程中，农户居住空间作为农村空间结构的重要组成部分，直接关系到人们日常生活领域的建构，其景观设计直接影响了新农村建设中农户对外部空间的感知与认识。本节将着重从适应现代发展要求出发，在总结相关概念的基础上，分析新农村建设中农户居住空间景观设计的要素与原则，探讨其景观设计中蕴含的新颖性，并针对新农村建设农户居住空间形态发展趋势提出相关政策建议，以期推动农户居住环境、新农村建设的健康发展。

一、乡村建设农户居住空间景观设计要素

（一）建筑要素

农村景观的主体是建筑实体。在新农村建设过程中建筑的设计要求为：（1）在设计理念上，保留体现传统建筑艺术或古代文化风貌的有价值的传统古建筑，同时对传统建筑要素进行创新设计，将现代建筑的空间设计与传统农户的居住空间元素相结合。（2）在建筑材料上，将传统建筑形式与现代建筑材料相结合，外在形式与内在功能相结合。（3）在使用功能上，要将人们对居住空间的现代化条件与景观设计的审美需求相结合。

（二）植物要素

植物是居住区环境景观的构成元素，居住空间的植物分布，不仅可以体现当

代文明发展，也在一定程度上满足了农户对环境的要求。在居住空间景观设计中植物的栽植要求为:（1）结合场地要求，尽量选择易管理、抗性强、对土壤水分要求低的本土植物。（2）充分利用植物的季节交替性，实现景观的可持续性。（3）根据居住区空间设计对植物合理布局，丰富居住区景观。

（三）道路要素

道路是居住景观中的框架，不仅具有满足交通组织、划分空间的作用，同时也是重要的视线景观。在新农村建设中，应对道路的宽度、材料、装饰纹样等进行综合考虑，实现其导引性与装饰性的作用。在道路规划上，应具有明确的导向性，农村中的主道路可由混凝土、沥青等耐压材料组成，满足道路通达的需求，而农户住宅之间的道路可根据当地特色与审美设计的需求富于变化，增加道路的艺术感染力。

（四）水要素

在农村中，人们的生产、生活、娱乐等很多方面都与水保持着比较亲密的关系。水不仅可以灌溉农田，滋养万物生长，还能调节空气湿度，调节农村地区的环境气候。对于居住空间的水要素的景观设计，要充分尊重自然，保持原有的水体景观环境，在维持原生水系布局形式的基础上，合理布局，引导居住空间的水景观设计，实现生态环保与审美效果的结合发展。

二、新农村建设农户居住空间景观设计原则

（一）整体布局原则

在农村与小城镇中，农户普遍缺乏整体布局规划的意识。因此，在新农村农户居住空间的景观设计中，不能照搬城市的建筑形式、街道布局，等等，要在正确理解新农村意义的基础上，具有整体规划意识，在规划与改造的基础上进行景观设计。不同地区的农村，由于地理环境等条件的不同而应有不同的类型，因此应该根据当地环境，采用不同功能的空间布局，实现生产、生态环境及农户居住空间的和谐统一，进一步体现新农村的特色。

（二）因地制宜原则

农村的地形地貌、绿地植被、富有特色的民居庭院等要素都是宝贵的景观资源。在新农村建设农户居住空间的景观设计中，尊重并强化原本的居住空间的景观特征，正确处理农村所处地域中所表现出的建筑风格的普遍性，继承传统，保持本土特色，创造农村景观的个性化设计，使新建景观能够和谐地融入当地环境中。另外，处于不同地区的村庄具有不同的文化特色与风俗习惯，在农户居住空间景观设计中要体现农村文化主题，继承积极的文化，提高安全性与文化设计的比例。

（三）保护生态的原则

农村不仅可以为全社会提供粮食，而且具有保护环境的重要功能。在新农村建设中，农户居住空间的景观设计首先要保护当地的生态环境，进行生态设计。生态设计是指尊重自然，保持当地植物植被与动物栖息地的质量，尊重景观的多样性，将对环境的破坏实现最小化，改善人类居住环境。因此，新农村农户居住空间景观设计首先要贯彻生态优先的原则，合理利用自然资本，解决自然环境与人类生产之间存在的矛盾，维系好农村生态的可持续发展。

（四）经济适用的原则

住宅与生活方式密切相关，房屋建设要符合“节约型社会”的要求。因此，在居住空间的景观设计中要从现实条件出发，有效地利用财力与物力，实现价值的最大化；要尊重自然环境，在经济适用原则下，提高土地利用率，实现农户居住空间的实用性与审美要求，用较少的材料与较简单的工艺规划出较舒适的居住空间，从而提升人居质量，引导农民科学生活。

（五）以人为本的原则

在景观环境设计中，设计师服务的对象首先是人，因此居住空间在设计中应尽可能地从人的方向出发，需要加强对“人本主义”的研究认识，从文化认同感上强调人与景观之间的相互作用，创造符合现代生活模式的居住空间。“以人为本”的景观设计原则要求从居民的多样化需求出发，同时在景观设计中要突出地方特色，实现个性化与多样化发展。

三、新农村建设农户居住空间景观设计的新颖性

（一）传统与现代的融合

目前，现代农村不再具有传统村落自然生长的环境与空间，在新农村建设农户居住空间景观设计中主要体现传统与现代的融合。一方面，注重通过人为的设计与规划来保证空间的质量与文脉的传承，通过设计吸收农村传统居住空间景观设计模式来实现现代农民情感中对“家”的归属感与伦理价值；另一方面，融合现代新功能、新空间，采用新结构、新技术满足农户多元化要求。在物质功能空间上，具有传统的生活、生产、储存空间及可持续发展的适应性空间。在精神功能空间上，满足农户的归属感、认同感，将地方传统民居的内核融入现代风格的设计中，赋予其新的内涵。

（二）物质与非物质文化景观的融合

从广义上来说，一切景观都与文化有关。文化景观反映出文化的进程与人对自然的态度，同时折射出一个国家、地区及民族的发展历程。可以根据不同的标准将文化景观划分为不同的类型，根据可视性可以分为物质文化景观与非物质文化景观。物质文化景观如衣食住行等是实体存在的，非物质文化景观如宗教信仰、道德观念、风俗习惯等是无形的。

在我国新农村建设农户居住空间景观设计中，要在建筑形式、居住空间创造等方面充分融入物质文化与非物质文化景观。民风民俗共同构成了地方人文生活景观，并对环境产生了深远的影响。因此在新农村建设中，农户居住空间景观设计要对传统的建筑形式、民风习俗等方面加以扬弃，深入挖掘当地的文化与特色风俗，创造文明和谐的农户居住空间。

（三）传统公共空间与新兴公共空间的融合

在我国农村中，十分重视传统公共空间的建设。传统的公共空间主要包括传统节日与民间祭祀活动的场所，如戏台、庙会等，旨在满足农户的社会交往需求，提高生活水平。随着社会经济的发展，新农村建设日益重视满足农户精神与生活的双重需求，兴建了许多新的公共空间，如医疗室、文化社区等。在新农村农户居住空间的建设中，一方面适当改造了传统的公共空间，美化了景观，传播着重要的传统民族文化。另一方面，新兴公共空间的建设与农村整体景观相协调，创造出丰富多变的空间层次，促进了传统公共空间与新兴公共空间的融合。

四、新农村建设农户居住空间景观设计建议

（一）建立与完善综合决策机制，加强农村居住空间基础设施建设

建设中的新农村是社会能够可持续发展的重要阵地，也是能够实现经济效益、艺术、生态的最好结合点。新农村建设中农户居住空间的景观规划与设计需要强劲的经济基础做后盾，因此政府应该扮演主导角色，建立与完善综合决策机制，加强新农村居住空间景观设计规划与管制，规范规划与设计秩序、逐层管理，在政府层面加大经济投入，实现生态、社会、经济效益最大化，促进农村规划与设计的可持续发展。同时，要加强农村居住空间基础设施建设，划分出不同的功能与活动区域。具体来说，应该改善农村道路与农户居住条件，完善文化娱乐设施配备，注重实用性与艺术性相结合，丰富农民的文化生活，在社会、环境、生态建设方面实现平衡与发展。

（二）促进公众参与与监督，加强新农村景观设计宣传

人类社会应该有这样的共识：个人的舒适是以社会的发展与良性运转为基础的，只有在良性运转的社会中，居民才能有好的环境。村民是新农村建设的主体，新农村建设与规划必须依靠村民的认同与参与。因此在新农村农户居住空间景观设计中，应该综合运用教育与宣传的手段，增强全民的生态与可持续发展的景观

设计意识，形成良好的村民与设计建设团体的互动，让村民监督设计的规划与后期的运转。

（三）注重设计过程与实际应用的对应性，强调居住空间景观的共享性

在新农村建设中，居住空间景观设计的出发点不能仅仅停留在表面形式的创新上，还要切实地为广大农民服务，尊重场地的服务对象。对后续设计要坚持经济适用原则、延续景观原则，使设计方案与实际应用相结合。同时在设计过程中，要更加强调居住空间资源的共享性，尽可能地利用现有的自然资源进行规划，强化院落空间的舒适感、安全感、美感等环境要素，利用各种环境要素丰富空间的层次，从而创造温馨、朴素、祥和的居家环境。

第三节　凸显乡村的生态特色

乡村与城市的功能有很大差异，具有自然环境方面的特色，所以进行规划设计时一定要尊重自然，保护自然，科学合理地进行建设，以凸显乡村生态特色。新源县肖尔布拉克镇在新村区域建设了酒文化博物馆、红军团博物馆及那拉提国家湿地公园，实现生态资源保护与开发的协调，凸显了当地的乡村生态特色。

建设美丽乡村是打造城乡统筹的内在要求。建设美丽乡村，规划是先导，制定《美丽乡村示范村创建标准》，立足各村的区位、人文、生态等优势，因地制宜、因村而异，做深、做细美丽乡村建设规划，明确建设“美丽乡村”的目标要求，具体细化工作任务，根据各自的建设目标、建设类别、建设层级，有计划、有步骤地加快推进。以环境优美、生活甜美、社会和美为目标，以传承文明、提升文明、展现文明为主线，为推进美丽乡村建设提供蓝图，描绘城市人向往、农村人留恋的乡村新风貌。规划范围要跳出村域概念，必须考虑与自然环境的协调，考虑与周边村、镇的联动，考虑同主城区、县城、中心镇和中心村在空间上的呼应与产业上的互补。

做好人口集聚的基础设施配套、土地复垦和“一村一品”“一村一景”等文章，充分彰显乡村的特色和韵味。围绕产业发展生态化方向，大力打造绿色农业、生态工业等，以青山、碧水、蓝天为特色，发展集现代文明、田园风光、乡村风情于一体的旅游休闲经济，精心打造都市人向往的魅力乡村。

通过“点”上重点突破，推动“线”上整体提升，带动“面”上逐步推进，要注重文化融合，挖掘文化特色、寻求文化融合点、彰显文化元素，注重发挥文化对引领风尚、教育人民、推动发展、促进和谐的作用，实施文化惠民工程，丰富和提升“美丽乡村”内涵，让“美丽乡村”更具魅力。

苏州市常熟市蒋巷村位于常、昆、太三市交界的阳澄水网地区的沙家浜水乡。50多年前的蒋巷村，还是一个“小雨白茫茫、大雨成汪洋”，血吸虫流行而且偏僻闭塞的苦地方，村民绝大多数住着泥墙草房。在村党支部书记的带领下，怀着“穷不会生根，富不是天生”的信念，下定“天不能改，地一定要换”的决心，进行新农村建设。调动发挥村民群众的积极性、创造性，建成了如今“城里人羡慕，本村人舒服，外国人信服”的独具江南风情、苏州风貌、鱼米之乡特色的“绿色蒋巷、优美蒋巷、整洁蒋巷、和谐蒋巷、幸福蒋巷”。

美丽乡村建设一方面通过发挥农村的生态资源、人文积淀、块状经济等优势，积极创造农民就业机会，促进都市农业的转型升级，加快发展农村休闲旅游等第三产业，拓宽农民增收渠道；另一方面，通过完善道路交通、医疗卫生、文化教育、商品流通等基础设施配套，全面改善农村人居环境，着力提升基本公共服务水平，解决农民群众最关心、最直接、最现实的民生问题。乡村的“美丽”，不仅体现在住宅、村庄等固有物质的舒适、洁净和宜居上，而且必须表现为百姓精神状态上的积极、进取和生存环境的和谐、生态，以“讲文明、讲科学、讲卫生、树新风”为重要内容，建立长效机制。

美丽的乡村，诠释了“生态宜居村庄美、兴业富民生活美、文明和谐乡风美”的丰富内涵，彰显了由“物”的新农村向“人”的新农村迈进的建设理念，寄托了农民群众过上幸福美好生活的向往与期盼。

美丽乡村的建设必须因地制宜，培育地域特色和个性之美。要善于挖掘整合当地的生态资源与人文资源，挖掘利用当地的历史古迹、传统习俗、风土人情，使乡村建设注入人文内涵，展现独特的魅力，既提升和展现乡村的文化品位，也让绵延的地方历史文脉得以有效传承。

第四节　美丽乡村建设模式的特点及选择

美丽乡村建设是构建美丽中国的重要组成部分，也是我国生态文明建设的重要组成部分。

当全国各省市多数地区还在对如何建设美丽乡村、建成何种美丽乡村孜孜不倦地探索时，中国农业部科技教育司借第二届美丽乡村建设国际研讨会（2014年2月24日中国美丽乡村·万峰林峰会），发布了中国“美丽乡村”十大创建模式。据介绍，这十种建设模式，分别代表了某一类型乡村在各自的自然资源禀赋、社会经济发展水平、产业发展特点以及民俗文化传承等条件下建设美丽乡村的成功路径和有益启示。十大创建模式发布后，在全国引起了强烈反响；同时，代表每种模式的典型示范村也成为全国各地美丽乡村建设争相学习、观摩的范本和参考。

本节通过对这十个典型示范乡村的简单介绍及对其相应模式的综合性评价，旨在为不同区位、不同资源禀赋条件、不同社会经济发展水平下不同乡村的“美丽建设”提供一点参考。

一、当前的美丽乡村建设模式简述

（一）产业发展型模式

该模式的典型示范村是江苏省张家港市南丰镇永联村。永联村位于我国东部沿海地区，区位优势明显，耕地资源贫乏，曾经被称为“江苏最穷最小村庄”。

从改革开放以来，永联村为解决全村村民的温饱问题，想尽办法搞集体经济，经过多种尝试，敏锐地抓住轧钢这个行当，实现了永联村经济上的第一次飞跃。在工业发展大踏步前进的同时，永联村通过对土地聚合流转，逐步形成以4000亩苗木基地、3000亩粮食基地、400亩花卉基地、100亩特种水产基地和500亩农耕文化园为依托的现代农业产业体系。与此同时建设了村民集中安置社区，同村范围内拆旧建新，居住用地更加集约，使永联村逐渐形成了生态环境优美、土地节约集约、生产生活便利的新型社区。永联村依靠村办企业的产业优势、农民专业合作社等特色，实现了农业生产聚集、农业规模经营。这种农业产业链条不断延伸的模式，带动效果明显，使其成为全国建设美丽乡村“产业发展模型”的典型参考范本。

（二）生态保护型模式

该模式的典型示范村是浙江省安吉县山川乡高家堂村。高家堂村位于浙江省西北部的内陆地区，是一个竹林资源丰富、自然环境保护良好的浙北山区村。2000年以来，高家堂村坚持以生态农业、生态旅游为特色的生态经济呈现良好的发展势头。依靠丰富的竹林资源，建设生态型高效毛竹林现代园，发展竹林鸡规模化养殖，成立竹笋专业合作社，发展高家堂村的生态农业产业；依靠优美的竹林自然风景，成立农家风情观光旅游公司、休闲山庄等项目，发展高家堂村的生态休闲旅游产业。为减少生活垃圾及生活污水对环境的影响，高家堂村在浙江省农村第一个引进美国阿科蔓技术生活污水系统项目，全村生活污水处理率达到85%以上，并建成了一个以环境教育和污水处理示范为主题的农民生态公园。优越的自然条件，丰富的水资源和森林资源，传统的田园风光和乡村特色，再加上明显的区位优势，造就了高家堂村以生态立村的发展主线。这种集生态农业、生态休闲、观光、旅游为一体，把生态环境优势变为经济优势的可持续发展之路，使其成为全国建设美丽乡村“生态保护模型”的典型参考范本。

（三）城郊集约型模式

该模式的典型示范村是宁夏回族自治区平罗县陶乐镇王家庄村。平罗县地处宁夏平原北部，距银川 50 公里，是沿黄经济区的骨干城市，是西北的鱼米之乡，有“塞上小江南”的美誉。2013 年平罗县农民人均纯收入 9172 元，属于宁夏回族自治区内的经济发达地区。王家庄村则位于平罗县沿黄经济区内。近年来，该村充分利用当地肥沃的耕地资源，大力发展精细农业、蔬菜种植生产，推动当地现代农业发展，深入推进农业集约化、规模化经营；充分利用黄河水资源，加大生态水产养殖业开发力度，积极参与沿黄旅游业的发展，已经形成了观黄河、游湿地、看沙漠、吃河鲜的观光休闲胜地，实现了第一产业和第三产业有效对接的发展模式。显著的区位优势，肥沃的土地，丰富的黄河水资源，较高的土地出产率，较高的经济收入，使得该村成为十大模式中西部地区美丽乡村建设唯一的代表，也成为全国美丽乡村建设中的典范。

（四）社会综治型模式

该模式的典型示范村是吉林省松原市扶余县弓棚子镇广发村。广发村位于我国东北地区松辽平原上，辖区面积 13.24 平方公里，耕地 969 公顷，资源丰富，农业发达，主要盛产玉米、大稻、花生、大豆、杂豆等粮食作物。其所在的扶余县是全国重点商品粮基地之一，素以“松嫩乐土、粮食故里”而著称。2010 年全村经济总收入实现 2500 万元，人均纯收入 10000 元，村民人数达 2500 人，村落规模较大，经济基础较好。在顺应全国统筹城乡发展，推进农村城镇化进程中，广发村结合东北地区的自然气候条件，把改善农民群众传统居住条件作为一项重大而又实际的举措，用城市化、现代化理念推进新式农居建设，让广大农民群众从传统落后的生活方式中解脱出来，享受现代新生活。在推进新式农居的同时，广发村的管理工作逐渐由村落管理向社区管理转变，通过加大对农村基础设施和科教、文体、医疗、卫生等社会事业的投入，提高农村社区服务功能。经过多年的努力，广发村探索出一条以人为本、改革创新的途径，成为松辽平原上土地节约利用、居住条件完善、生产生活便利、生态环境优美的社会综合型农居社区。

（五）文化传承型模式

该模式的典型示范村是河南省洛阳市孟津县平乐镇平乐村。平乐村位于我国中部华北平原地区，地处汉魏故城遗址，距洛阳市10公里，交通便利，地理位置优越，文化底蕴深厚。改革开放以来，平乐村依托“洛阳牡丹甲天下”这一文化背景，以农民牡丹画产业为龙头，已形成书画展览、装裱、牡丹画培训、牡丹观赏等一条龙服务体系，不仅增加了农民收入，也壮大了村级集体经济。以丰富的农村文化资源、优秀的民俗文化及非物质文化为基础，平乐村探索出一条新时期以文化传承为主导的建设美丽乡村的发展模式。

（六）渔业开发型模式

该模式的典型示范村是广东省广州市南沙区横沥镇冯马三村。冯马三村位于珠江三角洲腹地，西邻中山市，南接万顷沙镇，临近珠江口，地理位置优越，水陆交通方便，土地资源丰富，历史较为悠久，文化底蕴深厚。作为沿海和水网地区的传统渔区，冯马三村积极发展了985亩高附加值现代水产养殖，树立了渔业在农业产业中的主导地位，开发渔业旅游资源，通过发展渔业促进就业，增加渔民收入，繁荣渔村经济。冯马三村依靠丰富的水资源、显著的区位优势、良好的生态环境、淳朴的民风，打造了独特的“岭南水乡”，使其成为全国建设美丽乡村“渔业开发型模式”的典型参考范本。

（七）草原牧场型模式

该模式的典型示范村是内蒙古锡林郭勒盟西乌珠穆沁旗浩勒图高勒镇脑干哈达嘎查。脑干哈达嘎查位于我国东北部传统草原牧区及半牧区，草原畜牧业是该牧区经济发展的基础产业，是牧民收入的主要来源。早期的脑干哈达嘎查人口多、草场面积小，受发展条件制约，一度畜牧业生产相对落后，牧民生活水平偏低。2009年以来，脑干哈达嘎查开始积极探索发展现代草原畜牧业，保护草原生态环境。通过坚持推行草原禁牧、休牧、轮牧制度，促进草原畜牧业由天然放牧向舍饲、半舍饲转变，建设育肥牛棚和储草棚，发展特色家畜产品加工业，进一步完善了新牧区嘎查基础设施，提高了牧区生产能力和综合效益。这种集保护牧区草原生态平衡、增加牧民收入、繁荣牧区经济为一体，形成了独具草原特色和民族风情的发展模式，使其成为全国建设美丽乡村“草原牧场型模式”的典型参考范本。

（八）环境整治型模式

该模式的典型示范村是广西壮族自治区恭城瑶族自治县莲花镇红岩村。红岩村位于广西东北部，桂林市东南部，是典型的山区地貌，其中山地和丘陵占 70% 以上，早期非常贫困。改革开放以来，红岩村坚持走“养殖—沼气—种植”三位一体的生态农业发展路子，积极实施“富裕生态家园”建设；同时开展沿路、沿河、沿线、沿景区连片环境整治，加强农业面源污染治理，开展畜禽及水产养殖污染治理。红岩村以科技农业生产为龙头，逐步拓展了集农业观光、生态旅游、休闲度假为一体的发展模式，使其成为全国建设美丽乡村“环境整治型模式”的典型参考范本。

（九）休闲旅游型模式

该模式的典型示范村是贵州省黔西南州兴义市万峰林街道纳灰村。纳灰村位于我国西南地区万峰林景区腹地（世界自然文化遗产保护区），是一个民族风情浓厚、田园风光优美、历史文化底蕴深厚的古老布依族村寨。纳灰村土地肥沃，水资源丰富，是贵州地区主要的产粮区。改革开放以来，依靠丰富的旅游资源，纳灰村在传统种植业、养殖业的基础上，大力发展旅游业，已经形成了集特色农业、特色花卉培育、乡村旅游、休闲娱乐为一体的乡村旅游地区。这种以农业为基础，以休闲为主题，以服务为手段，以游客为主要消费群体，实现了农业与旅游业的有机结合，不仅提升了公众对农村与农业的体验，也实现了农业与旅游业的协调可持续发展。

（十）高效农业型模式

该模式的典型示范村是福建省漳州市平和县三坪村。三坪村位于我国东南部闽南地区，典型的山地和丘陵地貌。该村山地面积60360亩，其中毛竹18000亩、蜜柚12500亩、耕地2190亩，属于闽南地区重要的产粮区。改革开放以来，三坪村紧紧结合自身的地理地貌环境，充分发挥林地资源优势，以发展琯溪蜜柚、漳州芦柑、毛竹等经济作物为支柱产业，采用“林药模式”打造金线莲、铁皮石斛、蕨菜种植基地，以玫瑰园建设带动花卉产业发展，壮大兰花种植基地，做大做强现代高效农业。同时整合资源，建立千亩柚园、万亩竹海、玫瑰花海等特色观光旅游，和当地国家4A级旅游区三平风景区有效对接，提高旅游吸纳能力。作为优势农产品区，三坪村注重提升农业综合生产能力，逐步从传统农业向生态农业、乡村观光旅游、休闲娱乐发展，实现了高效农业的可持续发展。

二、“美丽乡村”建设模式的总结

总的来说，“美丽乡村”建设模式基本上涵盖了我国当前“美丽乡村”建设中“环境美”“生活美”“产业美”“人文美”的基本内涵，具有很强的借鉴意义，能够为中国部分地区“美丽乡村”的建设提供很好的范本。

从地域上来讲，这十个“美丽乡村”示范村分别分布在全国十个省份的乡村地区。东部沿海以江苏永联村、浙江高家堂村、广东冯马三村、福建三坪村为代表，中部以河南平乐村为代表，东北部以吉林广发村和内蒙古脑干哈达嘎查为代表，西北部有宁夏王家庄村，西南部有广西红岩村、贵州纳灰村等为代表。从鱼米之乡到广袤草原，从粮食作物主产品到农产品经济作物特色产区，从传统文化传承地区到以新生代生态旅游为主地区，从经济发达地区到经济相对薄弱省份，覆盖范围之广，涉及产业发展类型之多，使其具有典型的代表意义。

从区位来讲，这十个“美丽乡村”示范村多数都具有明显的区位优势。如高家堂村距离县城安吉20公里，距离省会杭州50公里；平乐村距离洛阳市只有10公里；王家庄村距离省会银川50多公里；冯马三村临近珠江入海口；纳灰村位于世界自然文化遗产保护区万峰林景区腹地；三坪村也地处国家4A级旅游区三坪风景区内；等等。从位于大中城市的郊区地带，到人数较多、规模较大、居住较集中的村镇（永联村、广发村），再到环境优美、风景秀丽的传统旅游地区，这十个示范村都不同程度地展现了区位优势对于美丽乡村建设的重要性。

从主导产业来讲，这十个“美丽乡村”示范村充分利用自身地域、区位、自然资源禀赋等特点，分别走出了不同的产业发展道路。永联村人多地少经济贫穷，但乘着改革开放的春风，走出了钢铁等生产的工业化道路。但更多的示范村还是在传统农业基础上对农村产业发展进行了探索创新。如三坪村的高效农业与乡村观光旅游业的结合，高家堂村的生态保护性种植业与休闲产业的结合，王家庄村的农业集约型产业与沿黄河旅游业的结合，冯马三村的渔业与旅游资源的结合，脑干哈达嘎查的畜牧业与草原生态环境保护的结合，红岩村的资源循环利用生态农业与生态旅游的结合，纳灰村的以少数民族为特色的休闲旅游业，平乐村的牡丹画文化产业，等等。不同的自然资源禀赋条件，决定了各个乡村不同的发展道路；不同的生产生活背景，决定了不同的特色产业。

从区位功能来讲，这十个“美丽乡村”示范村也分别承担着不同的角色。永联村是城市工业生产及现代化农业的重要补充；王家庄村、冯马三村、脑干哈达嘎查则是当地大中城市的粮袋子、菜篮子，是鲜活食品、牛羊肉、奶制品的重要基地；广发村成为推进农村城镇化过程中，建设新农村服务型社区的代表；平乐村则是洛阳地区深厚牡丹花卉文化底蕴的证明与补充；三坪村是当地重要的粮袋子、经济作物产区；高家堂村、红岩村、纳灰村则是城镇居民的后花园、休闲娱乐区。不同的区位功能，不同的角色，为其他地区“美丽乡村”建设过程中的功能定位起到了重要的参考作用。

从村民的积极性来讲，这十个“美丽乡村”示范村的村民都是在尝到了保护生态环境、发展特色产业、特色文化等带给他们的好处后，而进一步积极参与的。如早期的耕地资源缺乏、无法解决村民温饱的永联村，牧民生活水平偏低的脑干哈达嘎查，贫困山区的红岩村和有山有水、风景优美但村民生活穷苦的纳灰村等。

这些乡村美丽建设的成功，在很大程度上来自村民对追求美好生产生活的强烈愿望，这种愿望倒逼当地政府要有所作为，而地方政府对代表乡村的财政支持，积极帮助村民探索能够适应当地的农业科技创新，以一种全局观进行统筹的做法，则带给了村民成功的喜悦，进而使美丽乡村建设进入良性循环的轨道。但是，我们要看到，地方政府财政毕竟能力有限，不可能对其他多数经济落后乡村进行大规模的财政支持，而能够适应当地的农业科技创新却可以像种子一样在乡村生根发芽，为农民带来真正的收益。所以，未来的美丽乡村建设将是农业科技创新带动下的，以村民作为参与主体的，地方政府辅助发展的可持续性模式。

纵观十种“美丽乡村”建设模式，我们不难发现这十个示范村有以下共同的特点：

第一，它们几乎都集中在区位优势明显、自然资源丰富、经济比较发达的地区。这些村庄所在的县域人均收入水平在整个省域中排名都比较靠前，比较有代表性的如西北地区宁夏的王家庄村、西南地区广西的红岩村、贵州的纳灰村、江苏的永联村等。其中王家庄村所在的平罗县 2013 年农民人均纯收入 9172 元，在宁夏县域经济中属于经济富裕地区；红岩村所在的恭城瑶族自治县 2012 年农村居民人均纯收入 6473 元，在广西也属于经济发达地区。而永联村的经济实力则不仅仅在其县域和省域范围内，就全国来说，它都是屈指可数的富裕代表，2012 年实现人均收入 28766 元，经济发展指数在全国 64 万个行政村中位列前 3 名。

第二，它们几乎不约而同地把本地特色经济与旅游服务业紧密联系起来，形成了一条完整的产业链。如平乐村紧紧围绕牡丹做足了文章：画牡丹、赏牡丹、育牡丹、书画展销会、装裱、画师培训等各种类型。既增加了农民收入，也美化了农村生态环境；既丰富了农村文化资源，更扩大了农村文化产业和旅游服务产业。冯马三村凭借“岭南水乡”的名片，打造了传统渔业、现代水产养殖、渔业旅游资源、水乡文化摄影基地等，形成了以河道为主轴线的水乡文化特色建设。红岩村、纳灰村和脑干哈达嘎查依靠瑶族、布依族和蒙古族等少数民族独有的民族风情，优美的田园风光，深厚的历史文化底蕴，发展独具民族特色的观光、休闲旅游业。

第三，它们几乎都把当地生态环境保护与资源可持续利用紧密结合起来。高家堂村形成了以生态农产品种植、农产品深加工、生态休闲旅游、环境教育和污水处理示范为主题的农民生态公园的生态经济发展道路。红岩村的“养殖—沼气—种植”三位一体的生态循环农业发展道路，三坪村的“林药模式”（林下种植药材）的经济作物生态种植模式，脑干哈达嘎查的由天然放牧向舍饲、半舍饲转变的保护草原生态环境可持续发展的模式，等等，这些都是“美丽乡村”建设中不仅环境美、生态美，更是实现当地经济可持续发展的真实表现。

在美丽乡村建设过程中，地理地貌、区位条件、自然资源、文化底蕴、农民的积极主动性以及机遇等因素发挥着重要的作用。该十大模式的成功主要得益于当地较高的经济发展水平、显著的区位优势、丰富的自然资源、城镇化快速发展所带来的市场机遇，当然更重要的还是以当地政府为主导的推动引导作用和财政支持力度。这些要具备多项非一般情况下的成功模式在不同条件地区是很难完全复制的。美丽乡村建设中的“美丽”是广义上的美丽，视觉上直观的山清水秀、环境优美只是美丽乡村建设中的一部分，增加农民收入、提高农民生活质量、延续传统乡村文化中的精髓、保护当地生态环境才是美丽乡村建设的核心内容。我国地域辽阔，各地自然条件不相同，经济发展差别较大，传统意义上的东部发达西部落后的观念已经不能用来代表局部地区，就如同东部沿海发达省份依然存在经济发展水平较低、区位优势不显著地区以及自然资源一般或贫瘠的广大农村地区，而在整体经济落后的中西部地区也存在着一定数量的经济条件好、区位显著、资源丰富的农村地区。这也就决定了未来我国在生态文明建设道路上的多样性、复杂性和创新性。

第四章　村庄规划与布局要点

第一节　村庄规划现状和技术标准

一、村庄规划的地位和原则

（一）村庄规划法律地位的确立

党的十六届五中全会明确提出，建设社会主义新农村是我国现代化建设进程中的重大历史任务。“生产发展、生活宽裕、乡风文明、村容整洁、管理民主”，这既是中央对新农村建设的要求，也是其总体目标。2008 年开始颁布实施的《中华人民共和国城乡规划法》第 18 条规定，乡规划、村庄规划应当从实际出发，尊重村民意愿，体现地方和农村特色。乡规划、村庄规划的内容应当包括规划区范围，住宅、道路、供水、排水、供电、垃圾收集、畜禽养殖场所等农村生产、生活服务设施及公益事业等各项建设的用地布局、建设要求，以及对耕地等自然资源和历史文化遗产保护、防灾减灾等的具体安排。乡规划还应当包括本行政区域内的村庄发展布局。《村庄和集镇规划建设管理条例》明确提出，为加强村庄、集镇的规划建设管理，改善村庄、集镇的生产、生活环境，促进农村经济和社会发展，制定本条例。该条例将村庄规划划分为村庄总体规划和村庄建设规划两个阶段。村庄总体规划的主要内容包括村庄的位置、性质、规模和发展方向，村庄的交通、供水、供电、邮电、商业、绿化等生产和生活服务设施的配置；村庄建设规划的主要内容可以根据本地经济发展水平，参照集镇建设规划的编制内容，主要对住宅和供水、供电、道路、绿化、环境卫生以及生产配套设施做出具体安排。

（二）村庄规划的基本原则

制定村庄规划，要充分考虑农民的生产方式、生活方式和居住方式对规划的要求，合理确定存在的发展目标与实施措施，节约和集约利用资源，保护生态环境，促进城乡可持续发展；还应当以服务农业、农村和农民为基本目标，坚持因地制宜、循序渐进、统筹兼顾、协调发展的基本原则。

以人为本的原则。始终把农民群众的利益放在首位，充分发挥农民群众的主体作用，尊重农民群众的知情权、参与权、决策权和监督权，引导他们大力发展生态经济、自觉保护生态环境、加快建设生态家园。

因地制宜的原则。结合当地自然条件、经济社会发展水平、产业特点等，正确处理近期建设和长远发展的关系，切合实际地部署村庄各项建设。

生态优先的原则。遵循自然发展规律，切实保护农村生态环境，展示农村生态特色，统筹推进农村生态经济、生态人居、生态环境和生态文化建设。

保护文化、注重特色的原则。保护村庄地形地貌、自然机理和历史文化，引导村庄适宜的产业发展，尊重健康的民俗风情和生活习惯，注重村庄生态环境的改善，突出乡村风情和地方特色，提高村庄环境质量。

二、村庄规划的技术标准和编制要求

（一）村庄规划的技术标准

为了科学地编制村镇规划，加强村镇建设和管理工作，创造良好的劳动和生活环境，促进城乡经济和社会的协调发展，1993年建设部颁布了《村镇规划标准》。

2000年由建设部城乡规划司颁布实施《村镇规划编制办法（试行）》。为提高村庄整治的质量和水平，规范村庄整治工作，改善农民生产生活条件和农村人居环境质量，稳步推进社会主义新农村建设，促进农村经济、社会、环境协调发展，由建设部制定了《村庄整治技术规范》（GB 50445—2008），该规范适用于全国现有村庄的整治。

住房和城乡建设部于2013年制定《村庄整治规划编制办法》。该办法对村庄整治规划提出了具体的编制要求：编制村庄整治规划应以改善村庄人居环境为主要目的，以有效保障村民基本生活条件、治理村庄环境、提升村庄风貌为主要任务。该办法在村庄规划的编制内容上也做了详细的规定。在保障村庄安全和村民基本生活条件方面，可根据村庄实际重点规划以下内容：村庄安全防灾整治，农房改造，生活给水设施整治，道路交通安全设施整治。在改善村庄公共环境和配套设施方面，可根据村庄实际重点规划以下内容：环境卫生整治、排水污水处理设施、厕所整治、电杆线路整治、村庄公共服务设施完善、村庄节能改造。在提升村庄风貌方面，可包括以下内容：村庄风貌整治，历史文化遗产和乡土特色保护。根据需要可提出农村生产性设施和环境的整治要求和措施；编制村庄整治项目库，明确项目规模、建设要求和建设时序；建立村庄整治长效管理机制。鼓励规划编制单位与村民共同制定村规民约，建立村庄整治长效管理机制。防止重整治建设、轻运营维护管理。

2019年8月27日住房和城乡建设部关于发布国家标准《村庄整治技术标准》的公告：现批准《村庄整治技术标准》为国家标准，编号为GB/T 50445—2019，自2020年1月1日起实施。原国家标准《村庄整治技术规范》GB 50445—2008同时废止。根据住房和城乡建设部《关于印发〈2014年工程建设标准规范制订、修订计划〉的通知》（建标〔2013〕169号）的要求，标准编制组经广泛调查研究，认真总结实践经验，参考有关国际标准和国外先进标准，并在广泛征求意见的基础上，修订了本标准。本标准在住房和城乡建设部门户网站公开，并由住房和城乡建设部标准定额研究所组织中国建筑出版传媒有限公司出版发行。

（二）美丽宜居村庄示范指导性要求

住房和城乡建设部开展了美丽宜居小镇、美丽宜居村庄示范工作（见表4-1）。

表 4–1 美丽宜居村庄示范指导性要求

示范要点		指导性要求
田园美	自然风光	地形地貌、河湖水系、森林植被、动物栖息地或气候天象等自然景观优美、有特色、保护良好
	田园景观	农田、牧场、林场、鱼塘等田园景观优美，农业生产设施有地域、民族、传统或时代特色
村庄美	整体风貌	村庄坐落与自然环境协调，村庄空间尺度体现乡村风貌
	农房院落	农房风格、色彩、体量体现乡村风貌，结构安全，功能健全；庭院内外整洁，有规划有管理，无违规建房及私搭乱建现象
	乡村要素	井泉沟渠、壕沟寨墙、堤坝桥涵、石阶铺地、码头驳岸、古树名木等乡村要素自然淳朴，优美实用，保护良好
	传统文化	历史遗存、地区民族文化及民俗得到良好保护与传承
	基础设施	基础设施齐全，管理维护良好。村庄道路基本硬化且通达性好，饮用水水质达标，污水有处理措施，排水良好，有公共照明，农户卫生厕所覆盖率达 90% 以上，人畜粪便得到有效处理与利用，电力电讯有保障
	环境卫生	村容整洁卫生，垃圾及时收集清运，有保洁人员和机制，蚊蝇鼠蟑得到有效控制，无乱丢垃圾、乱泼脏水、恶臭等现象
	安全防灾	防灾、消防设施齐全，管理有效，无地质灾害隐患
生活美	居民收入	村民人均纯收入在所属地级市各村中名列前茅
	公共服务	入托、上学方便，入学率、巩固率达标；公交通达，村民出行及购物方便；文体场所设施完善，有经常性文体活动；医疗卫生能基本满足需求，医疗养老保险覆盖率在所属地级市各村中名列前茅
	乡风文明	乡风淳朴、文明礼貌、诚实守信、遵纪守法、社会和谐；村领导班子工作好

（三）村庄规划编制程序要求

1. 村庄规划基础资料收集

编制村庄规划应对村庄的发展现状进行深入细致的调查研究，做好基础资料的收集、整理和分析工作。规划调查研究的范围应当包括自然条件、经济社会情况、用地和各类设施现状、生态环境以及历史沿革等。具体需要收集以下基础资料：

（1）乡（镇）总体规划、经济社会发展规划、土地利用总体规划、重要基础设施规划、有关生态环境保护规划等；

（2）村域土地利用现状，包括用地结构、数量；

（3）村域人口发展情况和现状、人口性别、年龄、劳动构成资料；

（4）村域建筑物分布，包括房屋用途、产权、建筑面积、层数、建筑质量、占地面积资料；

（5）村域基础公共设施及道路、管网现状，农林水利设施等资料；

（6）当地历史文化、建筑特色、风景名胜等资料；

（7）当地经济社会发展资料，农业区划和农业生产情况；

（8）当地工程地质、水文地质等资料；

（9）地方材料及建筑工程造价资料；

（10）村域、村庄地形图：比例为 1∶1000~1∶10000。

收集资料后要进行整理分析，去伪存真，为规划提供科学依据。资料整理的成果可用图表、统计表、平衡表及文字说明等来反映。

2. 村庄规划编制程序

（1）规划设计单位在对村庄的基础资料进行全面的调查和分析之后提出村庄规划方案。

（2）上级城乡规划主管部门负责方案审查，并广泛征询村民意见，经村民大会讨论后确定方案。

（3）规划设计单位根据确定的方案进行深入设计。

（4）上级城乡规划主管部门组织有关部门、专家对规划成果进行评审，提出审查报告。

（5）村庄规划最终成果由乡（镇）人民政府报县级城乡规划主管部门验收批准，并予以公布组织实施。

第二节　村庄空间布局规划

一、村庄总体布局规划

村庄的总体布局主要是对村庄的各功能组成部分进行协调统筹安排，达到为村庄的生活和生产服务的目的。总体规划布局要充分体现劳动、生活、休息和交通等村庄的四大功能。主要工作包括村庄用地的条件分析和选择、村庄的总体布局、村庄整治规划。

（一）村庄用地的条件分析和选择

村庄用地条件的分析主要从以下五个方面着手。

（1）村庄的发展类型和资源状况：明确规划村庄的类型、规模以及乡（镇）域规划对村庄的要求和在村镇体系布局中的地位和作用等。

（2）资源状况：村庄所在区域的矿产、森林、农业、风景资源条件和分布特点。

（3）自然环境：村庄所处的地形、地貌、地质、水文、气象等条件。这些条件直接影响到村庄的布局形态。

（4）村庄现状：人口规模的现状及其构成、用地范围、产业、经济及科学技术水平等。

（5）建设条件：水源、能源、交通运输条件等。

在分析研究以上各种具体条件的基础上，就可以着手进行村庄的空间布局规划。

（二）村庄的总体布局

1. 总体规划布局的基本原则

（1）全面综合地安排村庄各类用地。对村庄中各类用地统筹考虑，优先安排好包括居住、公建、道路、广场、公共绿化在内的生活居住用地，统筹好村庄发展的生产建筑用地，处理好村庄建设用地与农业用地的关系。

（2）集中紧凑，既方便生产、生活，又降低村庄造价。村庄用地布局适当紧凑集中，体现村庄“小”的特点。禁止套用城市总体规划布局的模式，避免造成村庄建设的浪费和破坏村庄的良好格局。

（3）充分利用村庄自然条件，体现地方性。如河湖、丘陵、绿地等，均应有效地组织起来，为居民创造清洁、舒适、安宁的生活环境。对于地形比较复杂的地区，更应善于分析地形特点。形成具有地方特色的村庄布局方案，以便村庄居民能够“望得见山，看得见水，记得住乡愁”。

（4）对村庄现状，要正确处理利用和改造的关系。总体规划布局应适应村庄延续发展的规律并与其取得协调，做到远期与近期有一定联系，将近期建设纳入远期发展的轨道。

2. 村庄总体规划布局的一般程序

总体规划布局一般要按照下列程序进行。

（1）原始资料的调查。村庄规划和建设不能脱离村庄原有的建设基础。充分分析村庄现状条件资料对于从实际出发，合理利用和改造原有村庄，解决村庄的各种矛盾，调整不合理的布局等都是很有必要的。

（2）确定村庄性质、规模。确定村庄性质，计算人口规模，拟定布局、功能分区和总体规划构图的基本原则。

（3）在上述工作的基础上提出不同的总体布局方案。

（4）对每个布局方案的各个系统分别进行分析、研究和比较。其中包括村庄形态和发展方向，道路系统，居住用地的选择，公共服务中心的布置，绿化和环境整治，农业、生产用地的布局等。逐项进行分析比较。

（5）对各方案进行经济技术分析和比较。

（6）选择相对经济合理的初步方案。

（7）根据村庄空间布局规划的要求绘制图纸。

3. 村庄总体布局

村庄总体布局指的是基于对村庄现状、自然技术经济条件的分析和村庄的生产、生活活动规律的研究，在村庄规划中充分体现各项用地的组织安排以及对村庄建筑艺术的要求。其主要包括村庄的用地组织结构和村庄用地功能分区两个部分。

（1）村庄用地组织结构

村庄规划用地组织结构指明了村庄用地的发展方向、范围，规定村庄的功能组织与用地的布局形态，对于村庄的建设与发展将产生深远的影响。按照村庄特点，村庄用地规划组织结构应综合考虑以下方面。

①紧凑性：村庄规模有限，用地范围不大。如以步行的限度（如距离为 1 千米或时间 15 分钟之内）为标准，用地面积 0.2~1 km^2，可容纳几百人至几千人。无须大量公共交通。对村庄来说，集中布局更有利于完善公共服务设施、降低工程造价。因此，在地形条件允许的情况下，村庄应该尽量以旧村为基础，集中连片发展。

②完整性：村庄虽小也必须保持用地规划组织结构的完整性，以适应村庄发展的延续性。合理布局、公共设施和市政设施完善才能促进村庄生活的适宜性，良好的生态和生活环境才能让村庄更具有吸引性。因此，在进行村庄总体规划时，一定要考虑各种用地的完整性，促进村庄的合理化发展。

③弹性：村庄在空间布局规划时要在用地组织上具有一定的弹性。所谓“弹性”，一是给予空间形态开敞性，在布局形态上留有出路；二是在用地面积上留有余地。

紧凑性、完整性、弹性是考虑村庄规划组织结构时必须同时达到的要求。它们相互促进，互为补充。通过它们共同的作用，因地制宜地形成在空间上、时间上都协调平衡的村庄规划组织结构形式。

（2）村庄用地的功能分区

村庄用地的功能分区过程是村镇用地功能组织，是村庄规划总体布局的核心问题。村庄活动概括起来主要有居住、交通、游憩和农业生产四个方面。为了满足村庄上述各项活动的要求，就必须规划相应功能的村庄用地。它们之间有的有联系，有的有依赖，有的则相互干扰。因此，必须按照各类用地的功能要求以及相互之间的关系加以组织，使之成为一个协调的有机整体。

在村庄规划布局时，遵从村庄用地功能分区的原则如下。

①有利生产和方便生活。把功能接近的紧靠布置，功能矛盾的相间布置，搭配协调，以便于组织生产协作。节约能源，降低成本，安排好供电、供排水、通信、交通等基础设施。促使各项用地合理组织、紧凑集中，以达到既能节省用地、缩短道路和管线工程长度，又有方便交通、减少建设资金的目的。对于比较大的村庄居民点，还应具有一定的物流集散地的功能。规划是保证物资交换通畅也是发展生产、繁荣经济不可缺少的环节，因此，在用地功能组织时也应给予考虑。

②村庄各项用地组成部分要力求完整，避免穿插。若将不同功能的用地混在一起，容易造成彼此干扰。布置时可以合理利用各种有利的地形地貌、道路河网、河流绿地等，合理地划分各区，使各部分面积适当，功能明确。

③村庄功能分区应对旧村的布局进行合理调整，逐步改造完善。

④村庄布局要十分注意环境保护的要求，并要满足卫生防疫、防火、安全等要求。要使居住条件、公建用地不受生产设施、饲养、工副业用地的废水污染，不受臭气和烟尘侵袭，不受噪声的袭扰，使水源不受污染。总之要有利于环境保护。

⑤对村庄规划的功能分区，要反对从形式出发，追求图面上的“平衡”。村庄是一个有机的综合体，生搬硬套、臆想的图案是不能解决问题的，必须结合各地村庄的具体情况，因地制宜地探求切合实际的用地布局和恰当的功能分区。

（三）村庄整治规划

根据村庄的发展类型把整治村庄分为带型村庄、集中型村庄和组团型村庄三种模式，并根据不同的村庄发展模式提出有针对性的整治规划建议。

1. 带型村庄与整治规划

（1）布局模式

带型村庄主要分布在河道、湖岸、干线道路附近，这些村庄的布局是基于考虑接近水源和生产地、方便交通和贸易活动等因素而形成的。村庄的布局多沿水路运输线延伸，河道走向和道路走向往往成为村庄展开的依据和边界。在水网地区，村庄往往依河岸或夹河修建；在平原地区，村庄往往以一条主要道路为骨架展开；在丘陵地区，由于村庄没有相对较为平坦的开阔地，山地地形限定了若干的自然空间，村庄往往依山地地形和走向来建设，周边以山林为主，围合感较强，村庄边界以自然限定，形式比较自由，由于受地形限制，村庄呈带型组织模式发展。带型村庄公共绿地沿院落组团展开方向分布，各个自然村相连地带均有公共开敞绿地作为核心联系村庄整体结构。因此，村庄公共设施的放置结合公共空间以灵活的布置为主。

（2）规划整治

①村庄的空间结构

带型村庄规模比较小，布局相对分散。村庄空间结构是以一个或多个核心体为中心带型布局的结构类型。在规划过程中，要强化各个核心点的控制作用，使村庄各自形成明确的核心，并加强主体核心与次级核心的联系，合理控制带型村庄的有效长度。各个组团之间在村庄边界地带布置开敞绿地，增强村庄的绿化渗透性。结合公共空间合理地安排公共服务设施用地，可根据所处的地理环境布置在村庄的中心或带状形态延伸的端点。

②村庄的道路系统

带型村庄的道路系统规划中，应充分挖掘现有道路的特点，由于受地形的影响，道路形态狭长，并有可能以弯路为主。因此，规划中不仅要满足交通性能的要求，而且要抓住现状特征，拓宽中不能强求径直，要依其自然，使之成为景观优势。在完善道路系统的时候，要根据居民住宅的分布为骨架来延伸道路，形成自由式道路网。

③村庄的建筑形态

大多数村庄的建筑依地形而建，风格古朴。在规划过程中，对于特色建筑要对其保留，并在安全性和形式上进行规划完善。保持各个组团内的建筑风格统一，各院落组团依所处的地形和高差不同，应保持各自的特色。院落组织模式上，利用各组团的核心来控制村庄整体格局，形成适宜的村庄形态。

2. 集中型村庄与整治规划

（1）布局模式

集中型村庄布局模式多出现在地势平坦的平原地区，是大型传统村庄的典型布局模式。村庄内部有一个或几个点状中心，村庄居民或围绕点状中心层层展开，或以这种点状中心为居住区中心。这种点状中心有的位于村庄形态中心，有的位于河道尽端或道路交叉口。集中型村庄街巷多呈网络状发展，主街和次巷脉络清晰，村庄形态机理内聚性强，又易于随着村庄扩大逐步沿路拓展延伸。

街巷在村庄中发挥着交通联系和组织村民生活的公共空间的作用，成为公共和半公共的线性交往空间和交通联系通道。村庄形态肌理较丰富，建筑是界定街巷空间的形式、大小、尺度的主要因素，空间有秩序，领域感、归属感比较强，用地紧凑节约。科学合理地引导村庄集中布局，有利于节约用地，更好地解决居民点分散带来的土地浪费、市政设施建设不经济、村庄公共卫生等问题。

（2）规划整治

①村庄的空间结构

集中型村庄多地处平原地区，村庄规模较大。在规划过程中，对村庄整体结构进行系统的规整，应强化中心在结构和功能上的控制性，使村庄中心成为村庄主体景观空间，提升中心的吸引力。利用公共绿地作为次核心来联系各个院落，使整体布局能够更加规整紧凑。

②村庄的道路系统

集中式布局的村庄，在道路网的密度上比较大。在规划过程中，要明确村庄的道路分级，完善道路系统，增加道路的围合性，结合村庄的现状道路和形态特色，大多形成较为规整的网络式道路格局。

③村庄的建筑形态

集中型村庄住宅和院落在布置形式上要与村庄的网络式道路形态相适应，并尊重村庄原有的传统院落结构。在院落组织上，充分利用各个公共场地作为加强院落组团之间联系的节点，形成中心结构突出的网络式村庄形态。

3. 组团型村庄与整治规划

（1）布局模式

组团型村庄布局形态常见于地形较复杂的较大村庄，受自然地形影响，由于地势变化比较大，河、湖、塘等水系穿插其中，村庄受到河网及地形高差分割，形成两个以上彼此相对独立的组团，其间由道路、水系、植被等连接，各组团既相对独立又联系密切。组团式布局是顺应自然的一种做法。这种布局模式在丘陵地区表现得更为明显，数个农田或山丘紧密结合的分散组团（或住宅群）构成一个村落。

（2）规划整治

①村庄的空间结构

组团型的布局模式因地制宜，与现状地形或村庄形态相结合，较好地保持原有社会组织结构，减少拆迁和搬迁的村民数量，减少对自然环境的破坏，但是土地利用率较低，公共设施、基础设施配套费用相对较高，使用不方便。这种布局模式可以依托现有村庄和景观形成组团式布局，将公共服务中心进行分散设置，增进邻里间的交往。

②村庄的道路系统

组团式布局模式的道路系统不明显，没有其他模式的层次性强。要结合原有村庄和地形条件进行规划，重点提高组团和对外交通的联系程度，在加强各个组团居民点之间的联系的同时，逐步完善各个组团内部的道路体系。

③村庄的建筑形态

村庄的建筑形态在保持整体协调的前提下，突出各自组团的建筑形态特色，院落组合要延续传统建筑的院落空间围合手法，形成前院、后院、侧院、内院等不同布局特点的院落，构成公共、半公共、私密的有序空间。

二、公共空间布局与设计

村庄公共空间是村庄主要公共活动的集中场所，是村庄政治、经济、文化等社会生活活动比较集中的地方。它主要包括商业服务、文化体育、娱乐活动等，大的村庄还具有医疗卫生、邮电交通等内容。根据各主要公共建筑的功能要求和公共活动内容的需要，再配置以广场、绿地及交通设施，形成一个公共设施相对集中的地区或区域。

（一）村庄公共空间的基本内容

村庄公共空间作为服务于村庄的功能聚集区，应该满足村庄自身的发展需求，不同功能的分区组合形成村庄公共空间不同的景观和活力。根据村庄规模及需求的不同，可设置不同类别的公共空间。

公共空间的基本内容由公共建筑和开放空间组成，大致包括以下几类。

（1）行政管理类:包括村委会。很多村庄的村委会一般位于村庄的正轴线上，以显示其服务功能和主导作用。近年来，随着我国新农村建设的不断完善，在人口集聚度比较大的村庄形成社区，构建社区服务中心。

（2）商业服务类：包括超市、饭店、饮食店、茶馆、小吃店、洗浴等。大一点的村庄还具有集贸市场、招待所等。商业服务业是村庄公共空间的重要组成部分。

（3）邮电信息类：包括邮政、邮电、电视、广播，近年来网络也在村庄中迅速发展。

（4）文体科技类：包括文化站（室）、游乐健身场、老年活动中心、图书室等。村庄规模的不同，所设置的项目有多有少。村庄的文体科技设施普遍缺乏，而在村庄的发展中，文化、娱乐、体育、科技的功能地位会越来越重要，而且作为地方性的代言者和传播者有其独特的价值，特别是一些民风民俗文化应予强化。

（5）医疗保健类：以卫生室、社区医疗服务站为主。随着人民生活水平的不断提高，人民对健康保健的需求也不断增加，人口规模较大的村庄建成一组设备较好、科目齐全的卫生院是必要的。

（6）民族宗教类：包括寺庙、道观、教堂等。

（7）环境休闲类：包括广场、绿化、建筑小品、雕塑等。对于改造的村庄，广场在村庄公共空间的构建中越来越具有非常重要的功能。

（二）村镇公共中心的空间布局形式

村庄公共空间布局形式常用的有沿街式布置、组团式布置、广场式布置，其基本组合形式如下。

1. 沿街式布置

（1）沿主干道两侧布置。村庄主干道居民出行方便，中心地带集中较多的公共服务设施，形成街面繁华、居民聚集、经济效益较高的公共空间。该布置沿街呈线形发展，易于创造街景，改善村庄外貌。

（2）沿主干道单侧布置。沿主干道单侧布置公共建筑，或将人流大的公共建筑布置在街道的单侧，另一侧少建或不建大型公共建筑；当主干道另一侧仅布置绿化带时，这样的布置借称“半边街”，显然半边街的景观效果更好。人流与车流分行，行人安全、舒适，流线简洁。

2. 组团式布置

（1）市场街。这是我国传统的村庄公共空间布置手法之一，常布置在公共中心的某一区域内。内部交通呈“几纵几横”的网状街巷系统。沿街巷两旁布置店面，步行其中，安全方便，街巷曲折多变，街景丰富。我国有不少的历史文化名村就具有这种历史发展的形态，丰富多彩的特色成为一个旅游景点。

（2）“带顶”市场街。为了使市场街在刮风、下雨等自然条件下，内部活动少受和不受其影响，可在公共空间上设置阳光板、玻璃等顶棚，形成室内中庭的效果。

3. 广场式布置

（1）四面围合。以广场为中心，四面建筑围合，这种广场围合感较强，多可兼做公共集会的场所。

（2）三面围合。广场一面开敞，这种广场多为一面临街、水，或有较好的景观，人们在广场上视野较为开阔，景观效果较好。

（3）两面围合。广场两面开敞，这种广场多为两面临街、水，或有较好的景观，人们在广场上视野更为开阔，景观效果更好。

（4）三面开敞。广场三面开敞，这种广场一般多用于较大型的市民广场、中心广场，广场一侧有作为视觉底景的建筑，周围环境中的山、水等要素与广场相互渗透、相互融合，形成有机的整体、完整的景观。

（三）公共设施的配置标准

1. 公共服务设施布置原则

公共服务设施的配套应根据村庄人口规模和产业特点确定，与经济社会发展水平相适应。配套规模应适用、节约。

公共服务设施宜相对集中布置在村民方便使用的地方（如村口或村庄主要道路旁）。根据公共设施的配置规模，其布局可以分为点状和带状两种主要形式。点状布局应结合公共活动场地，形成村庄公共活动中心；带状布局应结合村庄主要道路形成街市。

2. 公共服务设施配套指标体系

公共服务设施配套指标按每千人 1000~2000 m² 建筑面积计算。公益性公共建筑项目参照表 4-2 配置。经营性公共服务设施根据市场需要可单独设置，也可以结合经营者住房合理设置。

表 4-2　公益性公共建筑项目配置表

内容	设置条件	建设规模
村（居）委会	村委会所在地设置，可附设于其他建筑	100~300 m²
幼儿园、托儿所	可单独设置，也可附设于其他建筑	—
文化活动室（图书室）	可结合公共服务中心设置	不少于 50 m²
老年活动室	可结合公共服务中心设置	—
卫生所、计生站	可结合公共服务中心设置	不少于 50 m²
健身场地	可与绿地广场结合设置	—
文化宣传栏	可与村委会、文化站、村口结合设置	—
公厕	与公共建筑、活动场地结合	—

三、村庄宅基地规划

（一）农村宅基地规划

宅基地是村庄建设用地的重要组成部分，其功能以居住为主，在部分地区还兼有生产功能。宅基地的面积规模应依据村庄居民对生活、生产的合理需要加以确定。一般来说，宅基地主要由住房、生产辅助用房、生活杂院等组成，随着生活水准的提高还必须保证一定的绿化用地。以上用地的组成应分配得当、有机组合，因为上述几项的指标对其他多项用地指标有直接影响，是当前村庄规划的重点，必须按照实际需求合理确定，不能简单地由设计构图决定。因此，为保证村庄规划中居住区规划既合理又能够实现节地，必须做到宅基地选址适当、宅基地规划方案合理、宅基地各组成用地比例科学，使村镇聚落的发展脱离模仿、同质化的轨道。

1. 宅基地选择原则

（1）地块必须满足适建标准，如适应当地气候、地理环境及居住习惯，满足卫生、安全防护等要求。

（2）地址应满足内外交通联系便捷，充分利用周边已有配套设施，保证居民将来出行方便，生活方便：①满足居民合理的耕作、生产出行方便；②必须做到不占用基本农田。

2. 宅基地选择的影响因素

（1）自然因素

自然因素主要包括地形地貌因素、气候因素、水文及当地资源条件等。我国南北、东西跨度较大，地理及气候条件变化幅度也巨大，村庄宅基地选址影响亦差异较大。比如，北方村庄住宅对采光要求高，那么对住宅的采光要求就比南方高；南方住宅注重通风、遮阳，这样便会产生面宽小、进深大的居住形态。平原、山区、高原草区以及滨水地区由于地形、气候差别也产生了风格迥异的选址方法与居住形态。

（2）社会、经济、技术因素

我国农村社会经济、技术条件千差万别，资源分布多寡不均，发展水平也具有相当大的地缘落差，社会结构也错综复杂，对宅基地的建设标准有着不同的要求，经济发展水平、人口因素、家庭结构、生活方式、风俗习惯、技术水准、地方管理制度等因素都影响着宅基地的选择。

（二）宅基地规划设计的基本控制指标

宅基地规划技术经济指标体系相关标准如下：

（1）在村庄规划中一般将宅基地分成住宅组群与住宅庭院两级，其中，每个级别再细分为Ⅰ、Ⅱ两级，如表 4-3 所示。

表 4-3　村庄宅基地分类与规模

宅基地分级		居住规模		对应行政管理机构
		人口数 / 人	住户数 / 户	
住宅组群	Ⅰ级	1500~2000	375~500	村委会
	Ⅱ级	1000~1500	250~375	
住宅庭院	Ⅰ级	250~340	65~85	村民小组
	Ⅱ级	180~250	45~65	

（2）村庄住宅用地分类与用地平衡

村庄住宅用地类型比城市用地相对简单，主要包括住宅建筑用地、公共建筑用地、道路用地和公共绿地四类，宅基地用地平衡指标控制宜符合表 4-4 的规定。

表 4-4　村庄住宅用地平衡用地表

用地类别	住宅组群		住宅庭院	
	Ⅰ级	Ⅱ级	Ⅰ级	Ⅱ级
住宅建筑用地 /%	72~82	75~85	76~86	78~88
公共建筑用地 /%	4~8	3~6	2~5	1.5~4
道路用地 /%	2~6	2~5	1~3	1~2
公共绿地 /%	3~4	2~3	2~3	1.5~2.5
总用地 /%	100	100	100	100

（3）村镇住宅人均宅基地指标

为合理保证村镇住宅的使用舒适性、便利性，满足村镇居民生产生活开展及节地要求，必须科学合理地确定人均宅基地的规模。宅基地人均指标依据气候区划不同而存在差异，村镇人均宅基地用地指标应符合表 4-5 的规定。

表 4-5　村庄人均宅基地用地参考控制指标（单位：m²/ 人）

居住规模	层数	建筑气候区划		
		Ⅰ、Ⅱ、Ⅵ、Ⅶ	Ⅲ、Ⅴ	Ⅳ
住宅组群	低层	27~38	25~35	23~34
	低层、多层	23~32	21~30	20~29
	多层	18~26	17~25	16~23
住宅庭院	低层	24~35	22~32	20~31
	低层、多层	20~30	18~27	16~25
	多层	15~24	14~22	16~20

（三）宅基地规划设计技术经济指标及其控制

宅基地规划设计技术经济合理性可以用以下指标来考察：

（1）住宅平均层数：住宅总建筑面积与住宅基底总面积的比值，一般层数越高，节地性越高。

（2）多层住宅（4~5 层）比例：多层住宅与住宅总建筑面积的比例。

（3）低层住宅（1~3 层）比例：低层住宅与住宅总建筑面积的比例。

（4）户型比：各种户型在总户数中所占百分比，反映到住宅设计上就是在规划范围内各种拟建房（套）型住宅占住宅总套数的比例。该比例的平衡需要依据人口构成、经济承受能力、居住习惯等综合考虑。

（5）总建筑密度：在一定用地范围内所有建筑物的基底面积之比，一般以百分比表示。它可以反映一定用地范围内的空地率和建筑物的密集程度（%），即

建筑密度 = 住宅、公共服务设施和其他建筑物基地层占地面积 / 建筑基地面积 × 100%

（6）住宅建筑净密度：住宅建筑基地总面积与住宅用地面积的比率（%）。村庄住宅建筑净密度最大控制值不应超过表 4-6 的规定。

表 4–6　村庄住宅建筑净密度最大控制值（单位：%）

层数	建筑气候区划		
	Ⅰ、Ⅱ、Ⅵ、Ⅶ	Ⅲ、Ⅴ	Ⅳ
低层	35	40	43
多层	28	30	32

注：低层、多层混合型住区取二者指标值作为控制指标的上、下限值。

（7）容积率（建筑面积毛密度）：每公顷宅基地上拥有各类建筑的平均建筑面积或按宅基地范围内的总建筑面积除以宅基地总面积计算（%）；村庄住区容积率最大控制值不应超过表 4-7 的规定。

表 4-7 村庄住宅容积率最大控制值（单位：%）

层数	建筑气候区划		
	Ⅰ、Ⅱ、Ⅵ、Ⅶ	Ⅲ、Ⅴ	Ⅳ
低层	1.1	1.2	1.3
多层	1.4	1.5	1.6

（8）绿地率：宅基地内各类绿地面积的总和和宅基地用地面积的比率（%）。村庄住宅公共绿地面积及休闲设施可以按照表 4-8 控制。

表 4-8 村庄住宅基地公共绿地面积与休闲设施配置

宅基地分级		绿地等级	设施配置	最小面积规模 /hm²
住宅组群	Ⅰ级	组群中心绿地	草坪、花木、座椅、台桌、简易儿童游乐设施、成人健身设施	0.09~0.10
	Ⅱ级			0.07~0.08
住宅庭院	Ⅰ级	庭院绿地	草坪、花木、座椅、台桌、铺装地面	0.04~0.06
	Ⅱ级			0.02~0.03

（9）相关密度指标控制技巧：宅基地规划中涉及人口密度、住宅建筑密度、住宅居住面积密度、住宅套数密度等相关密度指标。目前，农村、城市用地日趋紧张，节约土地是城镇规划中的重要原则之一。大量的村镇建筑，大量小城镇的兴建和扩大，需要占用大量的土地。因此，节约用地已经刻不容缓，必须给宅基地规划提供一个合理的经济指标。所谓“合理”，即根据宅基地具体情况确定一个经济密度，既能满足居民的正常生活需求，同时又能节约用地。

这里，高密度能大大节约用地。提高密度的手段有以下几种：

①增加层数；

②加大房屋进深；

③加大房屋长度；

④建筑的排列组织方式；

⑤缩小建筑间距；

⑥住宅和公建合建，如底层做商店等；

⑦降低建筑层高；

⑧北退台住宅。

为节约用地，我国村庄居住区建设应适当提高住宅层数。我国人多地少，从目前各省市所拟定的各项密度指标来看，与其他国家相比，密度指标是相当高的。所以，衡量指标的标准不是什么高密度、低密度，而应是一个合理的密度。

（四）住宅设计要求

1. 住宅建设原则

遵循适用、经济、安全、美观和节地、节能、节材、节水的原则建设节能省地型住宅。

住宅建设应贯彻“一户一宅”政策，并根据主导产业特点选择相应的建筑类型；以第一产业为主的村庄应以低层独院式联排住宅为主；以第二、第三产业为主的村庄应积极引导建设多层公寓式住宅；限制建设独立式住宅；旅游型村庄应考虑旅游接待需求。

住宅平面设计应尊重村民的生活习惯和生产特点，同时注重加强引导村民选择卫生、舒适、节约的生活方式。

住宅建筑风格应适合乡村特点，体现地方特色并与周边环境相协调，保护具有历史文化价值和传统风貌的建筑。

2. 住宅建设要求

宅基地标准：人均耕地不足 1 亩的村庄，每户宅基地不超过 133 m^2；人均耕地大于 1 亩的村庄，每户宅基地面积不超过 200 m^2。具体按县（市、区）人民政府规定的标准执行。

单户住宅建筑面积：三人居以下不超过 150 m^2，四人居不超过 200 m^2，五人居及以上不超过 250 m^2。

单户住宅建筑面积具体按县（市、区）人民政府规定的标准执行，但不应突破本导则规定的上限面积。

3. 住宅设计的基本原则

住宅平面设计原则：分区明确，实现寝居分离、食寝分离和净污分离；厨房、卫生间应直接采光、自然通风；平面形式多样。

住宅风貌设计原则：吸取优秀传统做法并进行创新和优化，创造简洁、大方的建筑形象；住宅宜以坡屋顶为主，并注意平屋顶、平坡屋顶结合等方式的运用，增加多样性。优先采用地方材料，结合辅助用房及院墙形成错落有致的建筑整体。

住宅庭院设计原则：灵活选择庭院形式，丰富院墙设计，创造自然、适宜的院落空间。住宅辅房设计原则：结合生产需求特点，配置相应的附属用房（如农机具和农作物储藏间、加工间、家禽饲养、店面等）。辅房应与主房适当分离，可结合庭院灵活布置，在满足健康生活的前提下方便生产。

住宅层高要求：层高 2.8~3.3 m，不应超过 3.3 m，净高不宜低于 2.5 m；属于风景保护和古村落保护范围的村庄，建筑高度应符合保护要求。

4. 住宅设计技术性要求

合理加大进深，减小面宽，节约用地。

加强屋面、墙体保温节能措施，有效地利用朝向及合理安排窗墙壁，推广应用节水型设备、节能型灯具。

积极利用太阳能及其他可再生能源和清洁能源。能源利用的相关设施应结合住宅设计统一考虑。

四、生产用地规划

（一）布局原则

结合当地产业特点和村民生产需求，合理安排村域各类产业用地（含村庄规划建设用地范围外的相关生产设施用地）。

手工业、加工业、畜禽养殖业等产业宜集中布置，以利于提高生产效率、保障生产安全，便于治理污染和卫生防疫。

（二）种植业布局

明确村域耕地、林地以及设施农业用地的面积、范围。

按照方便使用、环保卫生和安全生产的要求配置晒场、打谷场、堆场等作业场地。

（三）养殖业布局

结合航运和水系保护要求，合理选择用于养殖的水体，合理确定养殖的水面规模。

鼓励集中饲养家禽家畜，做到人畜分离；集中型饲养场地的选址应满足卫生和防疫要求，宜布置在村庄（居民点）常年盛行风向的下风向以及通风、排水条件良好的地段，并应与村庄（居民点）保持防护距离。

分散家庭饲养场所应结合生产辅房布置，并与住宅生活居住部分适当隔离，以满足卫生防疫要求。

五、绿化景观系统规划

（一）绿化规划原则

（1）乡土化原则。尊重地方文脉，结合民风民俗，展示地方文化，体现乡土气息，营造有利于形成村庄特色的景观环境。绿化景观材料应自然、简朴、经济，以本地品种、乡土材料为主，与乡村环境氛围相协调。

（2）多样性原则。注重村庄风格的自然协调和地方特色植物等景观营造，通过植被、水体、建筑的组合搭配，呈现自然、简洁的村庄整体风貌，四季有绿、季相分明，形成层次丰厚的多样性生物景观。

（3）在发挥绿化主要作用的同时，根据地域特点，结合生产选择适于本地生长的品种，如广西一些村庄广植桂树、福建不少村庄种植白兰、江苏泰兴一些村庄种植银杏等。

（4）防护绿地应根据卫生和安全防护功能的要求，规划布置水源保护区防护绿地、工矿企业防护绿带、养殖业的卫生隔离带、铁路和公路防护绿带、高压电力线路走廊绿化和防风林带等。村庄内的绿地规划要与各种防护林相呼应，全面规划。

（5）绿地系统要根据各地区特点、村庄性质、经济水平制定。我国地跨亚热带、温带、亚寒带，各地自然地形、地质条件不一，气象气候各不相同，经济发展水平、人口稠密程度也不一样，有的差距较大。因而在绿化用地、树种选择、绿地系统的配置等方面均要根据各自特点而定。地广人稀的城镇，树木花草是很宝贵的，只要有能力多建绿地，在这些地方可以不考虑指标限制；在严寒地区，植树多考虑防风的作用；在炎热地区，绿地布置要考虑村庄通风；在旅游疗养村镇，绿地是村庄的主要功能分区之一，要规定它的绿化下限指标，限定它的建筑密度，提高空地率、绿化率，而不规定它的绿化上限指标。

（6）旧村庄改造时，各地要根据具体情况，确定合适的绿地指标，并较均衡地布置于村庄中。旧村庄绿地很少，这是我国的普遍现象。在村庄改造时，应适当提高层数。降低建筑密度，合理紧凑地布置道路系统、工程管线，留出绿地面积。

（二）村庄绿化规划程序

（1）基础资料调查：村庄自然气候调查、村庄地形地貌调查、村庄范围内原有绿化及分布情况调查、村庄建设用地总体规划及各分项规划、村庄范围内植被类型及景观调查、村庄范围内动植物生长情况调查、村镇周边植被类型及景观调查。

（2）确定绿化规划原则、标准。根据村庄实际情况——原有绿化、经济水平、规划总体目标、村庄的自然气候条件、地形地貌及植被情况等，制定绿化规划的原则和标准。

（3）绿化规划初步方案设计。

（4）初步方案的优化、协调、调整，形成最终村庄绿化规划。

（三）村庄绿化规划

1. 绿化规划的重点

宜将村口、道路两侧、宅院、建筑山墙、不布置建筑物的滨水地区以及不宜建设地段作为绿化布置的重点。

保护和利用现有村庄良好的自然环境，特别要注意利用村庄外围和河道、山坡植被，提高村庄生态环境质量；保护村中的河、溪、塘等水面，发挥其防洪、排涝、生态景观等多种功能作用。

村庄绿化应以乔木为主、灌木为辅，植物品种宜选用具有地方特色的多样性、经济性、易生长、抗病害、生态效应好的品种，并提倡自由式布置。

2. 绿化规划的主要内容

村庄绿地主要有街头绿地、防护绿地、附属绿地、其他绿地。各种绿地功能不同，要求也不同，进行规划时应根据具体的使用功能、场所进行规划。

（1）街头绿地规划

街头绿地以满足人们的休憩、活动、娱乐为主，景观要求较高，所以，在村庄街头绿地规划时，以本地植物群落为主，可以适当引进外地观赏植物，丰富植物种类，提高景观水平。绿地内部组织上应运用形式美原理、平面构成原理、空间构成原理、色彩构成原理、生态原理、功能原理、人文原理，通过静态、动态规划，营造一个优美、宜人的环境。

对于有条件的村庄，可以和村庄的公共中心相配合在村庄中心地带设置绿化广场，形成全村的商业、休闲、娱乐中心。在进行绿化设计时，一年四季广场都要有绿色，所以，可选择一些常绿植物或绿色时间长的植物，与此同时，再选择一些具有季节性特色的植物，使广场一年四季各有特色，再配合一些喷泉、小品、小径等零星的建筑物，形成全村的休闲活动中心。

（2）防护绿地规划

防护绿地应根据卫生、隔离和安全防护功能的要求，规划布置工矿企业防护绿带、畜禽养殖业的卫生隔离带、铁路和公路防护绿带、水源保护防护绿带、高压电线走廊、防风林带等。

①卫生防护林。保护生活区免受生产区的有害气体、煤烟及灰尘的污染。一般布置在两区之间或某些有碍卫生的建筑地段之间。林带宽 30 m，在污染源或

噪声大的一面应布置半透风式林带，以利于有害物质缓慢地透过树林被过滤吸收，在另一面布置不透风式林带，以利于阻滞有害物质，使其向外扩散。饲养区的禽、畜类有臭气，周围应设置绿化隔离带，特别在主风向上侧宜设置不透风的隔离林带 1~3 条，在树种选择上，常绿树占 60% 以上，适当搭配一部分香花树种，切忌种植有毒、有刺植物，避免牲畜、禽类食后中毒。

② 护村林。主要起防风的作用。林带应与主风向垂直，或有 30° 的偏角，每条林带宽度不小于 10 m。

（3）附属绿地规划

附属绿地为附属于建设项目中的绿地。建设项目的性质千变万化，绿化的场所不同，绿化的要求也各不相同，所以，附属绿地规划应根据具体项目要求进行规划。常见的附属绿地主要有街道绿化、居住区绿化、公共建筑绿化等。

①街道绿化

街道绿化是街景的重要组成部分，必须与街道建筑及周边环境相协调，不同的地段配合不同的街道绿化。美丽的街道绿化不仅为村庄增加绿色，使村庄面貌美观，还能起到净化空气、减尘、降噪、降温、改善小气候、防风、防火、组织交通、保护路面等作用。它连接村庄的各个功能区，形成村庄绿化的骨架。

由于行道树长期生长在路旁，下部根系受到路面和建筑物的限制，上部树冠又不断受到尘土和有害气体的危害，因此，必须选择那些生长快、寿命长、耐贫瘠土壤并具有挺拔树干、冠大的树种；而在较窄的街道则可选用冠小的树种；在高压电线下应选用干矮、树枝开展的树种；南方可选用四季常青、花果兼美的树种。为了避免污染，最好不要选用那些有落花、落果、飞絮的树种。常用的街道绿化树种有华山松、油松、银杏、悬铃木、樟树、槐树、柳树等。行道树的栽植方式应根据街道的不同宽度、方向、性质而定。在这一情况下可采取单行乔木或两行乔木等种植方法，如表 4-9 所示。

表 4–9　行道树种植方式（单位：m）

栽植方式	栽植带宽度	行距	株距	采用场合
单行乔木	1.25~2	—	3~6	街道建筑物与车行道距离接近
两行乔木（品字形）	3.5~5	>2	4~6	街道旁建筑物与车行道间距不小于 8 m

②居住区绿化

宅旁绿地是利用两排住宅之间的空地进行绿化的，和日常居住、生活直接相关，居民直接受益，所以，绿化效果往往较好。

居住区绿化植物配置时，要注意考虑通风、采光、防尘、阴影、遮阳等因素。一般要求朝南房间离落叶乔木有 5 m 间距，房屋朝北部分选择抗风耐阴的树种，如女贞、夹竹桃、柏等，距离外墙至少 3 m；住宅朝东、朝西部分，可考虑行植或散植乔木，也可以种植攀缘植物，如爬山虎等，以减轻日晒。

植物配植要达到春色早到、夏可纳凉、秋能挡风、冬不萧条的效果，因此，乔、灌木的比例一般为 2∶1，常绿与落叶的比例一般为 3∶7。

③公共建筑绿化

公共建筑绿化是公共建筑的专用绿化，主要包括村委会、商店、文体场所、学校等，对建筑艺术和功能上的要求较高。其布置形式应结合规划总平面同时考虑，根据具体条件和功能要求采用集中或分散的布置方式，选择不同的植物种类。

如医院绿化可配植四季花木和发芽早、落叶迟的乔木，也可种植中草药和具有杀菌作用的植物。村委会、文体活动场所、学校应以生长健壮、病虫害少的乡土树种为主，并结合生产、教学选择管理粗放、能收实效的树种，适当配置点缀性的庭荫树、园景树和花灌木等。

（四）景观规划

1. 村口景观

村口景观风貌应自然、亲切、宜人，并能充分体现地方特色与标志性。可通过小品配置、植物造景、活动场地与建筑空间营造等手段突出景观效果。

2. 水体景观

营造水体景观应尽量保留现有河道水系，并进行必要的整治和疏通，改善水质环境。

河道坡岸尽量随岸线自然走向，宜采用自然斜坡形式，并与绿化、建筑等相结合，形成丰富的河岸景观。

滨水绿化景观以亲水型植物为主，布置方式采用自然生态的形式，营造自然式滨水植物景观。

滨水驳岸以生态驳岸形式为主，因功能需要采用硬质驳岸时，硬质驳岸不宜过长。在断面形式上宜避免直立式驳岸，可采用台阶式驳岸，并通过绿化等措施加强生态效果。

3. 道路景观

道路两侧绿化以乔木种植为主、灌木为辅，有效避免城市化的绿化种植模式和模纹色块形式。

4. 其他重点空间景观

村庄其他重点空间包括宅旁空间和活动空间，宜以落叶树种为主，以利于夏有树荫、冬有阳光。

村庄宅旁空间主要绿化景观应品种适应、尺度适宜，充分利用空闲地和不宜建设地段，做到“见缝插绿”。

村庄活动空间以公共服务为主要功能，结合农村居民的生产、生活和民俗乡情，适当布置休息、健身活动和文化设施，形式自然、生态、简洁。

第三节　村庄基础设施规划与建设

一、村庄道路工程规划

道路在社会经济发展过程中起着非常重要的作用，其承载了客货流等有形的流通，同时也承载了经济、文化、科技等无形的流通；道路既是行人和车辆的流动通道，也是布置公用管线、街道绿化，安排沿街建筑、消防、卫生设施的基础。

村庄道路承担着村庄对外联系和内部交通组织的功能，有着自身的特点。道路规划是村庄规划中构建村庄结构、体现村庄特色的重要内容，是村庄规划的重要组成部分。

（一）村庄道路的特点

村庄道路因其独特的功能和发展阶段主要呈现出以下特点：

（1）道路基础设施差；

（2）交通运输工具类型多、行人多；

（3）车辆增长快，交通发展迅速；

（4）道路体系不完善；

（5）村庄道路形式与功能不完善。

（二）村庄道路系统规划

1. 村庄道路系统规划的基本要求

在道路系统规划中，应满足下列基本要求：

（1）满足生产、生活的交通需求；

（2）满足村庄安全的要求，主要考虑消防通道、避震疏散通道和人行、车行安全；

（3）紧密结合地形，应尽可能绕过不良工程地质和不良水文工程地质；

（4）满足村庄景观的要求，考虑自然景色、沿街建筑和视线通廊等因素，塑造统一、丰富的道路景观；

（5）考虑道路纵坡和横坡设计，便于地面水的排除；

（6）满足各种工程管线布置的要求，规划建设应综合考虑管线综合规划，考虑给予管线敷设足够的用地，且给予合理安排。

2. 村庄道路系统的形式

每个村庄道路系统的形式都是在一定的历史条件和自然条件下，根据当地政治、经济和文化发展的需要逐渐演变而形成的。因此，在规划或调整道路系统时，采用的基本图形也应根据当地的具体条件，本着“有利于生产，方便生活”的原则，因地制宜，合理、灵活地选择，绝不能单纯地为了追求整齐平直和对称的几何图形等来生搬硬套某种形式。

目前村庄常用的道路系统可归纳成三种类型：方格网式（也称棋盘式）、自由式、混合式。前两种是基本类型，混合式道路系统由基本类型组合而成。

（1）方格网式（棋盘式）

方格网式道路系统最大的特点是街道排列比较整齐，基本呈直线，街坊用地多为长方形，用地经济、紧凑，有利于建筑物布置和识别方向。从交通方面看，交通组织简单便利，道路定线比较方便，不会形成复杂的交叉口，车流可以较均匀地分布于所有街道上，交通机动性好，当某条街道受阻车辆绕道行驶时其路线不会增加，行程时间不会增加。

这种道路系统也有明显的缺点，它的交通分散，道路主次功能不明确，交叉口数量多，影响行车畅通。与此同时，由于是长方形的网格道路系统，因此，使对角线方向交通不便，行驶距离长，曲度系数大。

方格网式道路系统一般适用于地形平坦的村庄，规划中应结合地形、现状与分区布局来进行，不宜机械地划分方格。

（2）自由式

自由式道路系统是以结合地形起伏、道路迁就地形而形成的，道路弯曲自然，无一定的几何图形。这种形式道路系统的优点是充分结合自然地形，道路自然顺适、生动活泼，可以减少道路工程土石方量，节省工程费用。其缺点是道路弯曲、方向多变，比较紊乱，曲度系数较大。由于道路曲折，形成许多不规则的街坊，影响建筑物和管线工程的布置。同时，由于建筑分散，居民出入不便。

自由式道路系统适用于山区和丘陵地区。由于地形坡差大，干道路幅宜窄，因此，多采用复线分流方式，借平行较窄的干道来联系沿坡高差错落布置的居民建筑群。在这样的情况下，宜在坡差较大的上下两条平行道路之间，顺坡面垂直等高线方向，适当规划布置步行梯道，以方便居民的交通和生活。

（3）混合式

混合式道路系统是结合村庄的自然条件和现状，力求吸收基本形式的优点，避免其缺点，因地制宜地规划布置村庄道路系统。

事实上，在道路规划设计中，不能机械地单纯采用某一类形式，应本着实事求是的原则，立足地方的自然和现状特点，综合采用方格网式、自由式道路系统的特点，扬长避短，科学、合理地进行村庄道路系统规划布置。

3. 道路横断面设计

（1）道路宽度的确定

道路横断面的规划宽度称为路幅宽度，它通常指道路用地总宽度，是车行道、人行道、绿化带以及安排各种管（沟）线所需宽度的总和。

村庄道路不同于城市道路，其断面形式应结合自身特点设计。从村庄道路的交通量来看，村庄内部道路很难形成连续的车流，人行和非机动车辆远远大于机动车量，因此，村庄道路设计在满足机动车通行的条件下应着重考虑人行和非机动车的通行。

村庄主要道路：双向两车道即可满足机动车通行，为保证交通通畅应考虑一条路边停车带。机动车道宽度确定为 7 m 比较合理，非机动车道按单个自行车道

1.5 m 计算，人行道按一侧两条步行道 0.75 m × 2=1.5 m 计算，村庄主要道路绿化以行道树为主，景观路可以增加绿化带。

村庄次要道路：一种街坊路，上接村庄主要道路、下接宅间路。机动车道宽度不宜小于 4 m，以满足消防通道要求，同时次要道路应设置人行道，如果条件限制，可设置单侧人行道，人行道宽度不宜小于 1.25 m。

宅间路：其设计在满足消防通道的条件下，应偏向于步行道设计。考虑防火功能要求，一条宅间路的长度不宜超过 75 m；宅间路与建筑之间应留有绿化带，宅间路的绿化应以草坪、灌木和小型乔木为主。

村庄道路宽度的确定还应根据村庄规模、地形条件、气候条件等具体情况做出调整。

（2）道路横坡

为了使道路上的地面雨雪水、街道两侧建筑物出入口以及毗邻街坊道路出入口的地面雨雪水能迅速地排入道路两侧（或一侧）的边沟或排水暗管，在道路横向必须设置横坡度。

道路横坡度的大小主要根据路面结构层的种类、表面平整度、粗糙度和吸湿性、当地降雨强度、道路纵坡大小等确定，一般采用 1.5%~2%。路面越光滑、不透水，平整度与行车车速要求高，横坡宜偏小，以防车辆横向滑移，导致交通事故；反之，路面越粗糙、透水且平整度差、车速要求低，横坡就可以偏大。

（三）村庄道路的竖向规划

道路竖向规划设计是指为了满足行车安全、道路排水、减少土石方量等要求而进行的道路的高程设计。

道路的竖向设计直接反映在道路纵断面上。沿着道路中心线方向所做的垂直剖面，称为道路的纵断面。它主要表示道路路线在纵向上的起伏变化情况。对于村庄道路的纵断面设计应重点考虑道路纵坡的设计。

1. 最大纵坡

村庄道路上有相当多的非机动车辆通行，在选择道路纵坡值时，应着重考虑非机动车安全行驶的要求。一般纵坡宜控制在 2.5%~3%，且坡长在 200~300 m。对下穿铁路的地道桥引道，由于可将机动车、非机动车道分开设置，则可令非机动车纵坡在 2.5% 以内，机动车道则容许采用 3%~4% 的纵坡。

2. 最小纵坡

为了保证路面雨雪水的通畅排除，道路纵坡也不宜过小。所谓最小纵坡是指能满足排水需要的最小纵坡度，其值随路面类型、当地降雨强度以及雨水管道的管径大小、路拱拱度等而变化，一般在 0.3%~0.5%。当确有困难、纵坡设置需小于 0.3% 时，应做锯齿形街沟或采用其他措施排水。

二、村庄给水排水工程规划

村庄给水排水规划的主要任务是用可持续发展的观念，经济合理、长期安全可靠地供应人们生活和生产活动中所需要的水以及用以保障人民生命财产安全的消防用水，并满足人们对水量、水质和水压的要求；同时组织排除（包括必要的处理）生产污废水、生活污水和雨水。做到水有来源、排有去处，满足生产需要，方便居民生活，改善村庄环境，为发展生产和提高人民生活水平服务。

（一）给水工程规划

村庄给水工程规划的主要内容包括用水量的预测；确定给水方式；制定供水系统的组成；合理选择水源，确定取水位置及取水方式；选择水厂位置、水质处理方法；布置输水管道及给水管网等。

1. 村庄需水量预测

农村用水主要包括居民生活用水、畜禽饲养用水、公共建筑用水、乡镇工业用水和未预见用水。村庄给水系统总的用水量为上述各项用水量之和与变化系数的乘积。根据最高日用水量的时变化系数，可以计算时最大供水量。根据时最大供水量选择管网设备。

2. 给水方式

给水方式主要分为集中式和分散式两类。给水方式应根据当地水源条件、能源条件、经济条件、技术水平及规划要求等因素进行方案综合比较后确定。

村庄靠近城市或集镇时，应依据经济、安全、实用的原则，优先选择城市或集镇的配水管网延伸供水。村庄距离城市、集镇较远或无条件时，应建设给水工程，联村、联片供水或单村供水。无条件建设集中式给水工程的村庄，可选择手动泵、引泉池或雨水收集等单户或联户分散式给水方式。

3. 水源选择及其保护

给水水源可分为地下水和地表水两大类。地下水包括潜水、承压水、裂隙水、熔岩水和泉水等；地表水包括江、河、湖与水库水等。

一般来讲，地下水由于经过地层过滤且受地面气候及其他因素的影响较小，因此，它具有水清、无色、水温变化小、不易受污染等优点，但是又有径流量小（相对于地面径流）、水的矿化度和硬度较高等缺点。

地表水受各种地表因素的影响较大，具有和地下水相反的特点。如地表水的浑浊度与水温变化较大，易受污染，但水的矿化度、硬度较低，含铁量及其他物质含量较小，径流量一般较大，且季节性变化强。

因此，在地下水水量充沛的条件下，生活饮用水水源一般采用地下水。

水源水质应满足相关要求，现状水源受到污染时应当清理整治或者重新选择水源。在选择新水源时，应根据当地条件进行水资源勘察。所选水源应水量充沛、水质符合相关要求，无条件地区可收集雨（雪）水作为水源。

4. 给水管网的布置

给水管网一般由输水管和配水管组成。输水管道不宜少于两条，但从安全、投资等各方面比较也可采用一条。配水管一般连成网状，故称为配水管网。按其布置形式可分为树枝状管网和环状管网两大类，也可根据不同情况混合布置。

（1）树枝状管网：干管与支管的布置如树干和树枝的关系。它的优点是管材省、投资少、构造简单；缺点是供水的可靠性较差，一处损坏则下游各段全部断水，同时各支管尽端易成“死水”，恶化水质。这种管网适合于村庄的地形狭长、用水量不大、用户分散以及用户对供水安全要求不高的情况。

（2）环状管网：配水干管与支管均呈环状布置，形成许多闭合环。这种管网供水可靠，管网中无死端，保证了水经常流通，水质不易变坏，并可大大减轻水锤作用，但管线总长度较大、造价高，适用于连续供水要求较高的村庄。

（二）排水规划

排水系统是指排水的收集、输送、处理和利用以及排放等设施以一定方式组合而成的总体。

1. 村庄排水分类及排水量计算

村庄排水量主要包括污水和雨水，污水包括生活污水及生产污水。排水量可按下列规定计算：

（1）生活污水量可按生活用水量的 75%~90% 进行计算；

（2）生产污水量及变化系数可按产品种类、生产工艺特点及用水量确定，也可按生产用水量的 75%~90% 进行计算；

（3）雨水量可按照邻近城市的标准进行计算。

2. 排水体制选择

村庄雨（雪）水、生活污水、生产废水的排除方式，称为排水体制。排水体制有分流制和合流制两种。

（1）分流制

分流制是将雨水和污废水分开收集和排放，雨水通过沟渠就近排入附近水体，而污废水则通过管道汇集至污水处理厂，经处理后达标排放。

①完全分流制

生活污水、生产废水和雨水分为三个系统或污废水和雨水两个系统，用管渠分开排放。污废水流至污水处理厂，经处理后排放。雨水和一部分无污染的工业废水就近排入水体。这种体制适合经济发达、工业企业较多的村庄。

②不完全分流制

污废水埋暗管，雨水为路面边沟（明沟）排水。这种分流体制比完全分流制标准低、投资省，先解决污废水排放系统，等日后再完善。这种体制适合我国村庄目前的情况，重点先解决污废水排放系统，但地势平坦、村庄规模大、易造成积水的地区不宜采用。

③改良型不完全分流制

改良型不完全分流制指的是雨水排放系统采用多种形式混用，可采用路边浅沟、街巷浅沟、某些干道用路边沟加盖及分用暗管等混合方式，适合于逐步发展、规模不断扩大的村庄，组织得好则既经济又适用。

（2）合流制

合流制是将雨水和污废水统一收集、统一处理和排放；或者未经处理，直接排放入附近水体。

①直泄式合流制

雨水、生活污水、生产废水同一管渠不经处理混合，分若干排水口，就近直接排入水体。这种排水体制是最初级的排水形式。在降水少、人口不多、面积不大、无污染工业的村庄可以采用这种形式。

②全处理合流制

雨水、污水到污水处理厂处理后排放。这种方式投资大、效果小，不如分流制，缺点多于优点，很少采用。

③截流式合流制

雨水、生活污水、生产废水合流，分数段排向沿河流的截流干管。晴天时全部输送到污水处理厂，雨天时雨污混合，水量超过一定数量的部分，通过溢流并排入水体，其余部分仍排至污水处理厂。

雨水稀少、街道狭窄的村庄或者是排水区域内有一处或多处水体，且水体接纳污水后在其自净范围内，可以考虑采用合流制排水系统。

排水体制的选择应结合当地的原有排水设施，并综合考虑水质、水量、地形、气候等因素，从满足环境保护要求、基建投资、维护管理、今后发展各方面综合考虑来确定。总之，排水体制的选择应使整个排水系统安全可靠和经济适用。

3. 排水系统形式和管沟布置

（1）村庄排水系统的平面布置形式

村庄排水系统的平面布置形式主要有以下几种：

①集中式排水系统

全村庄只设一个污水处理厂与出水口，这种方式对农村很适合。当平坦、坡度方向一致时可采用此方式。

②分区式排水系统

山区村庄常常由于地形条件将村庄划分成几个独立的排水区域，各区域有独立的管道系统和出水口。

③区域排水系统

几个相邻的村庄，污水集中排放至一个大型的地区污水处理厂。这种引水系统能扩大污水处理厂的规模，降低污水处理费用，能以更高的技术、更有效的措施防止污染扩散，是我国今后村庄排水发展的方向，特别适合于经济发达、村庄密集的地区。

（2）排水沟管的布置

雨水排放可根据当地条件，采用明沟或暗渠收集方式；雨水沟渠应充分利用地形及时地就近排入池塘、河流或湖泊等水体，并应定时清理维护，防止被生活垃圾、淤泥淤积堵塞。

有条件的村庄宜采用管道收集生活污水，应根据人口数量和人均用水量计算污水总量，并估算管径，管径不应小于 150 mm。污水管道应设置检查井。

4. 污水处理设施

有条件且位于城镇污水处理厂服务范围内的村庄应建设和完善污水收集系统，将污水纳入城镇污水处理厂集中处理；位于城镇污水处理厂服务范围外的村庄，应联村或单村建设污水处理站。

无条件的村庄可采用分散式排水方式，结合现状排水，疏通整治排水沟渠，并应符合下列规定：①雨水可就近排入水系或坑塘，不应出现顺水倒灌农民住宅和重要建筑物的现象；②采用人工湿地等污水处理设施的村庄污水可与雨水合流排放，但应经常清理排水沟渠，以防止污水中有机物腐烂，影响村庄环境卫生。

污水处理站的选址应布置在夏季主导风向下方、村庄水体的下游、地势较低处，便于污水汇流入污水处理站，不污染村庄用水，处理后便于向下游排放。它和村庄的居住区有一段防护距离，以减小对居住区的污染。如果考虑污水用于农田灌溉及污泥肥田，其选址则相应地要和农田灌溉区靠近，便于运输。

人工湿地适合处理纯生活污水或雨污合流污水，占地面积较大，宜采用二级串联。

三、村庄电力、通信工程规划

（一）电力工程规划

1. 电力工程规划的基本要求

（1）电力工程规划主要解决的问题

①电力负荷的分布：确定村庄各类用电量、用电性质、最大负荷和负荷变化曲线等。

②确定电源：一般来讲，村庄的电源是附近的变电站（所）。

③布置电力网：确定电力网电压等级、走向；变电站（所）的容量和位置。

（2）电力工程规划的基本要求

①满足村庄各部门用电及其增长的需要。

②保证供电的可靠性。

③保证良好的电能质量，特别是对电压的要求。

④要节约投资和减少运行费用，达到经济合理的要求。

⑤注意远近期规划相结合，以近期为主，考虑远期发展的可能。

⑥规划要便于实施，不能一步实施时，要考虑分步实施。

2. 村庄电力负荷

根据村庄用电的特点，一般分为农业用电、工业用电、市政及生活用电三类。

（1）农业用电

农业用电一般是用作农业排灌、农业生产、农副产品加工和畜牧业等。规划用电负荷的计算，通常根据调查的农业用电器具的类型、数量、用电量的大小、使用时间等来计算，也可根据每耕种一亩地、饲养一头牲畜的用电定额来计算。

（2）工业用电

工业用电一般根据工业企业提供的用电数据，并根据它的生产量校核。对尚未涉及和提不出用电量的企业，可根据典型设计或同类企业的用电量来估算。

（3）市政及生活用电

市政及生活用电要按人均用电指标计算或本乡镇逐年负荷增长比例制定的指标，也可按不同用电户分别计算。

3. 电源的选择及线路布置

（1）电源的选择

村庄用电电源一般由附近变电所（站）供给。其作用为将区域电网上的高压变成低压，再分配到各用户。这种供电是区域电网（大电网）供电。一般区域电网技术先进，具有运行稳定、供电可靠、电能质量好、容量大、能够满足用户多种负荷增长的需要以及安全经济等优点。

（2）电力线路布置

村庄电力线多为架空线路，主要分为送电线路和配电线路。送电电路电压等级一般为 110 kV 或 35 kV，配电电压高压为 10 kV、低压为 220 V 或 380 V。

在村庄供电规划过程中，电力线路的布置应满足用户的用电量，以保证各级负荷用户对供电可靠性的要求，保证供电的电压质量以及在未来负荷增加时有发展的可能性。

（二）通信工程规划

1. 通信工程的分类和特点

村庄通信工程包括电信通信、广播电视、宽带网络和邮政通信。目前，农村通信工程发展迅速，呈现出以下特点：

（1）随着移动通信的普及，固定电话用户迅速下降。

（2）有线电视逐步进行数字化改造。

（3）宽带网络发展仍处于起步阶段，普及率低。

（4）邮政网络基本全覆盖，但是投送效率较低，村民可选择余地小。

2. 农村通信工程的发展重点

从目前的发展趋势看，农村电信通信的重点包括以下几方面：

（1）提高移动通信的覆盖率和服务质量。

（2）提高宽带网络的普及率，打开农村居民迅速了解外部资讯的窗口。

（3）加强农村邮政基础设施建设和邮政物流的发展。

（4）推进提高有线电视普及和数字化改造。

四、村庄综合防灾规划

村庄灾害是一种由人或自然引起的造成村庄设施破坏、人员伤亡、财产损失、影响村庄的社会秩序并导致人们心理恐慌的特殊现象。导致灾害发生的因素很多，自然因素方面，如气象中的大风、暴雨、暴雪、冰冻、大雾，地质因素中的滑坡、地面沉降、地震等。此外，还存在较多的人为因素或技术原因造成的灾害隐患，如火灾、交通事故、化学事故等。在众多灾害中，火灾、洪涝、气象灾害、地质破坏四大灾害是危害农村频率最高、危害性最大的灾害种类。

由于村庄自身的规模小、经济实力弱，对灾害的防治能力也相对较弱，因此，需上级政府统筹协调村庄防灾减灾工作，并予以支持。针对美丽乡村的规划与建设，主要对村庄建设与整治过程中的消防、抗震、防洪（涝）、地质灾害和气象灾害防治等做相关阐述。

（一）消防规划

村庄规划与建设必须严格按照各种建筑类型确定防火间距，结合旧房整治改造，提高耐火能力，拓宽消防通道，合理布局消火栓，增加水源，为灭火创造有利条件。

1. 村庄格局与消防安全

（1）村庄内生产和贮存易燃易爆危险品的工厂、仓库应单独布置在村庄常年主导风向下风向或相对独立的安全地带；与居住、医疗、教育、集会、市场之间的防火间距不应小于 50 m。严重影响村庄安全的工厂、仓库、堆场、储罐等必须迁移或改造，采取限期迁移或改变生产使用性质等措施，以便消除不安全因素。

（2）合理确定输送甲、乙、丙类液体，可燃气体管道的位置，严禁在其主管上修建任何建筑物、构筑物或堆放物资。管道和阀门井盖应有明显标志。

（3）合理选定液化石油气供应站瓶库，汽车加油站，煤气、天然气调压站，沼气池及沼气储罐的位置。燃气调压设施或气化设施四周安全间距须满足燃气输配的相关规定。

（4）居住区和生产区距林区或草原边缘的距离不宜小于 300 m。打谷场和易燃、可燃材料堆场，汽车、大型拖拉机车库，村庄的集贸市场或营业摊点的设置应符合《农村防火规范》（GB 50039）的有关规定。

（5）在人口密集区域应布置规划避难场所，原有耐火等级低、互相毗邻的建筑密集区或大面积棚户区应采取防火分隔，提高耐火性能，开辟耐火隔离带和消防通道，增设消防水源，改善消防条件，消除火灾隐患。

（6）村庄应设置普及消防安全知识常识的固定宣传栏，易燃易爆区应设置安全警示标志。

2. 村庄建筑整治中的防火规定

村庄厂房和民用建筑的耐火等级、允许层数、防火间距、允许占地面积及建筑构造防火要求应符合农村建筑防火的有关规定。

表 4–10　民用建筑的防火间距（单位：m）

建筑类别	一、二级	三级	四级
一、二级	6	7	9
三级	7	8	10
四级	9	10	12

耐火等级低的老旧建筑有条件地应逐步改造或更新，采取提高耐火等级等措施消除火灾隐患。

村庄建筑电气应做接地，配电线路应安装过载保护和漏电保护装置，电线宜采用线槽或穿管保护，不应直接敷设在可燃装修材料或可燃构件上，当必须敷设时应采取穿金属管、阻燃塑料管保护。

存在火灾隐患的公共建筑，应根据《建筑设计防火规范》（GB 50016）等国家相关标准进行整治改造。

村庄应积极采用先进、安全的生活用火方式，有条件的应积极推广沼气和集中供热。火源和气源的使用管理应符合农村建筑防火的有关规定。

保护性文物建筑应建立完善的消防设施。

3. 村庄消防供水

（1）村庄具备给水管网条件时，管网及消火栓的布置、水量、水压应符合《建筑设计防火规范》（GB 50016）及农村建筑防火的有关规定；利用给水管道设置消火栓，间距不应大于 120 m。

（2）不具备给水管网条件时，应利用河湖、池塘、水渠等水源进行消防通道和消防供水设施整治；利用天然水源时，应保证枯水期最低水位和冬季消防用水的可靠性。

（3）给水管网或天然水源不能满足消防用水时，宜设置消防水池，消防水池的容积应满足消防水量的要求；寒冷地区的消防水池应采取防冻措施。

（4）利用天然水源或消防水池作为消防水源时，应配置消防泵或手抬机动泵等消防供水设备。

4. 村庄消防设施配置

5000人以上村庄应设置义务消防值班室和义务消防组织，配备通信设备和灭火设施。村庄的消防机构与上一级消防站、邻近地区消防站以及供水、供电、供气、义务消防组织等部门建立消防通信联网。

5. 村庄消防通道的整治

村庄消防通道应符合《建筑设计防火规范》（GB 500016）及农村建筑防火的有关规定，并应符合下列规定。

（1）消防通道可利用交通道路，应与其他公路相连通。消防通道上禁止设立影响消防车通行的隔离桩、栏杆等障碍物。当管架、栈桥等障碍物跨越道路时，净高不应小于4 m。

（2）消防通道宽度不宜小于4 m，转弯半径不宜小于8 m。

（3）建房、挖坑、堆柴草饲料等活动，不得影响消防车通行。

（4）消防通道宜成环状布置或设置平坦的回车场。尽端式消防回车场不应小于15 m × 15 m，并应满足相应的消防规范要求。

（二）防洪排涝

1. 村庄防洪整治的措施

（1）居住在行洪河道内的村民，应逐步组织外迁。

（2）结合当地江河走向、地势和农田水利设施布置泄洪沟、防洪堤和蓄洪库等防洪设施。对可能造成滑坡的山体、坡地，应加砌石块护坡或挡土墙。防洪（潮）堤的设置应符合国家有关标准的规定。

（3）村庄范围内的河道、湖泊中阻碍行洪的障碍物，应制定限期清除措施。

（4）在指定的分洪口门附近和洪水主流区域内，严禁设置有碍行洪的各种建筑物，既有建筑物必须拆除。

（5）位于防洪区内的村庄，应在建筑群体中设置具有避洪、救灾功能的公共建筑物，并应采用有利于人员避洪的建筑结构形式，以满足避洪疏散要求。避洪房屋应依据《蓄滞洪区建筑工程技术规范》（GB 50181）的有关规定进行整治。

（6）村庄防洪救援系统应包括应急疏散点、救生机械（船只）、医疗救护、物资储备和报警装置等。

（7）村庄防洪通信报警信号必须能送达每户家庭，并能告知村庄内的每个人。

2. 村庄防涝整治措施

（1）村庄应选择适宜的防内涝措施，当村庄用地外围有较大汇水汇入或穿越村庄用地时，宜用边沟或排（截）洪沟组织用地外围的地面汇水排除。

（2）具有排涝功能的河道应按原有设计标准增加排涝流量校核河道过水断面。

（3）具有旱涝调节功能的坑塘应按排涝设计标准控制坑塘水体的调节容量及调节水位，坑塘常水位与调节水位差异控制在 0.5~1.0 m。

（4）排涝整治应优先考虑扩大坑塘水体调节容量，强化坑塘旱涝调节功能。

（三）防震

位于地震基本烈度 6 度及以上地区的村庄整治规划，应根据国家和地方相关规定及工程地质资料做出综合评价。对震后可能发生的次生灾害进行预测和制定措施，按照地震设防烈度确定设防标准、设置疏散通道和避难场地。一般采取以下措施：

（1）建筑应选择对抗震有力的场地和基地，严禁在断裂、滑坡等危险地带选址，宜避开软弱黏性土、液化土、新迁填土或严重不均匀土层地段。

（2）安排多个道路出入口，主要道路的通行宽度宜保持在不小于 4 m，并设供疏散避难的小型广场和绿地。

（3）采取措施以确保交通、通信、供水、供电、消防、医疗和重要仓库的安全，为震后恢复提供条件。

（4）对高密度、高危险性村区及抗震能力薄弱的建筑应制定分区加固、改造或拆迁措施，综合整治，对村庄中需要加强防灾安全的重要建筑，并进行加固改造整治。

（5）地震设防区村庄应充分估计地震对防洪工程的影响，防洪工程设计应符合《水工建筑物抗震设计规范》（SL 203）的规定。

（四）地质灾害

对村庄危害较大的地质灾害有崩塌、滑坡和泥石流等，主要发生在山区；塌陷和沉降灾害主要发生在矿区和岩溶发育地区。地质灾害综合整治应采取以下措施：

（1）应根据所在地区灾害环境和可能发生灾害的类型重点防御，山区村庄重点防御边坡失稳的滑坡、崩塌和泥石流等灾害，矿区和岩溶发育地区的村庄重点防御地面下沉的塌陷和沉降灾害。

（2）地质灾害危险区应及时采取工程治理或者搬迁避让措施，以保证村民的生命和财产安全。地质灾害治理工程应与地质灾害规模、严重程度以及对人民生命和财产安全的危害程度相适应。

（3）地质灾害危险区内禁止爆破、削坡、进行工程建设以及从事其他可能引发地质灾害的活动。

（4）对可能造成滑坡的山体、坡地，应加抛石块护坡或挡土墙。

（五）气象灾害

1. 村庄防风减灾整治

（1）风灾危险性为 C 类、D 类地区的村庄建设用地选址应避开与风向一致的谷口、山口等易形成风灾的地段。

（2）村庄内部绿化树种的选择应满足抵御风灾正面袭击的要求。

（3）防风减灾整治应根据风灾危害影响，按照防御风灾要求和工程防风措施，对建设用地、建筑工程、基础设施、非结构构件统筹安排进行科学合理的整治，对于台风灾害危险地区的村庄，应综合考虑台风可能造成的大风、风浪、风暴潮、暴雨洪灾等防灾要求。

（4）风灾危险性 C 类和 D 类地区的村庄应根据建设和发展要求，采取在迎风方向的边缘种植密集型防护林带或设置挡风墙等措施，以减小暴风雪对村庄的威胁和破坏。

2. 村庄防雪灾整治

（1）村庄建筑应符合《建筑结构荷载规范》（GB　50009）的有关规定，并应符合下列规定：

①暴风雪严重地区应统一考虑村庄防风减灾的整治要求；

②建筑物屋顶宜采用适宜的屋面形式；

③建筑物不宜设高低屋面。

（2）根据雪压分布、地形地貌和风力对雪压的影响，划分建筑工程的有利场地和不利场地，合理布局和整治村庄建筑、生命线工程和重要设施。

（3）雪灾危害严重地区的村庄应制订雪灾防御避灾疏散方案，建立避灾疏散场所，对人员疏散、避灾疏散场所的医疗和物资供应等做出合理规划和安排。

（4）雪灾危害严重地区要建立预警机制，加强与气象部门的沟通联系，及时掌握天气变化机制。

3. 村庄避雷、防雷整治

雷暴多发地区村庄内部的易燃易爆场所、物资仓储、通信和广播电视设施、电力设施、电子设备、村民住宅及其他需要防雷的建（构）筑物、场所和设施，必须安装避雷、防雷设施。

第五章　乡风环境规划设计实践

在进行美丽乡村建设的过程中，乡风民俗建设是实施美丽乡村建设的灵魂，只有有了灵魂的美丽乡村，才更突出自身的魅力，也更具有独特的风格特征。与此同时，美丽乡村乡风的建设，也为未来乡村的发展传承打下了坚实基础，创造出一个非常好的乡村环境。本章重点论述的是美丽乡村乡风环境的建设，主要包括新时期乡风民风概论、乡风民风建设规划、培育和弘扬乡贤文化。

第一节　乡风民风概论

我国在大力开展新农村建设的基础上，有针对性地对美丽乡村建设进行一系列的政策支持。为此，需要明确需要建设的内容，这里所说的乡风民风就是一个非常重要的组成部分。

一、乡风民风的基本理论

（一）乡风文明的基本概念

1. 乡风

乡风主要是指一个地方的人们在生活习惯、心理特征以及文化习俗等方面长期积淀所形成的精神风貌，字面的含义主要是风气、风俗、风尚，也就是人们所说的民风民俗。它不仅包括观念形态层面的信仰、观念、意识、操守，知识形态层面的关于社会与自然各个方面的知识，同样也包括物质形态层面的生产、生活中的物质对象形制以及功能等方面的特征，还包括制度形态方面的礼制、习惯、规约、道德规范等多个方面的行为规范，属于文化的重要范畴，主要涉及人类的生产、生活的各个领域。从社会学意义层面来讲，乡风主要是由自然条件的不同或者社会文化之间存在的差异造成的特定乡村社区中人们共同遵守的行为模式或者规范，是一个特定的乡村社区内人们在观念、爱好、礼节、风俗习惯、传统以及行为方式上的总和，并且还在一定时期与一定范围内被人们所仿效、传播与流行。文明的乡风首先应该是以人为本的，充分反映出时代的精神，顺应历史发展的潮流，并且还能够体现出人文精神、时代精神、历史演进三者之间的相互一致、协调性。

乡风不仅不能用标尺进行定位，同样也不能用金钱加以度量，但是当人们运用自己的行为展示出其纯洁、表达出其诚意、折射出其高尚的时候，乡风往往都能够发展成为一种无形的财富。所以，不管是从词义本身的角度还是从社会学的角度来看，乡风实际上都是一种依赖于特定的农村区域地理环境、社会生活方式及历史文化传统所形成的一种地域性乡村文化，即它是一个内涵十分丰富的文化概念。

2. 乡风文明

作为农村比较重要的一种区域文化类型，乡风文明通常都能够直接地反映出人们在思想观念与行为方式上的变化。与此同时，乡风文明也是社会关系最外在的一种表现类型。乡风文明通常都有下列几个方面的特征。

（1）乡风文明的形成是一个自然的、历史的发展演进进程。乡风文明所能够反映出的是人们自身现代化层面的要求，同时，也是人们物质需要以及精神需要所能够得到相对满足的直接体现，属于一种积极健康向上的精神风貌。同时，乡风文明主要反映的是时代精神层面的特点，也充分体现出了历史发展的重要追求。

（2）乡风文明往往都是特定的社会经济、政治、文化以及道德等多方面状况的直接综合反映，是特定的物质文明、精神文明以及政治文明互相作用的重要产物。

（3）乡风文明建设属于一个庞大而复杂的系统性工程，它所涉及的社会经济、政治、文化以及道德建设都会囊括其中，其包括各个层面。

3. 乡风文明的主体及培育

既然乡风文明主要体现的是以人为本的发展理念，反映出来的是时代精神并且顺应了历史发展的潮流。那么，乡风文明在其本质层面所体现出来的就应该是人和人之间的关系，属于现代农村或农村社区的范畴，表现为居民间、邻里间以及生产生活过程中所能够体现出来的文明、祥和的社会关系。

（二）社会主义新农村的乡风文明内涵

社会主义新农村乡风文明其实就是农村文化建设的关键问题，主要包括文化、风俗、社会治安等多个方面。它也是农村文化的一种状态，是一种有别于城市文化，也有别于以往农村传统文化的一种新型的乡村文化，其本质是推进农民的知识化、文明化、现代化，实现农民“人”的全面发展。

乡风文明的总体要求，就是要大力发展教育、文化、卫生和体育等各项社会事业，不断地提高农民群众的思想、文化、道德水平，重建农村精神家园，丰富农村文化生活，形成崇尚文明、崇尚科学健康向上的社会风气。

推进乡风文明建设就是要加强农村精神文明建设，不断地提高农民的思想道德素质和科学文化素质；要形成文化娱乐设施齐备、文化体育活动丰富、民风民俗淳朴健康的精神风貌。

二、社会主义新农村乡风文明的本质

社会主义新农村的乡风文明，本质就是尽可能地推进农民的知识化、文明化、现代化，实现农民的全面发展。它应该具有下列规定性。

（1）新农村乡风文明主要是以马克思列宁主义、毛泽东思想、邓小平理论、“三个代表”重要思想、科学发展观和习近平新时代中国特色社会主义思想为指导的精神文明建设。

（2）新农村的乡风文明属于一种具有比较先进品格的文化。继承一些比较优秀的文化发展传统，导入现代文明的基本因素，不同于城市文化而又和城市文化进行对接、互相兼容，具有十分鲜明的特色以及现代品格的文化内涵。

（3）新农村建设的乡风文明属于一种村庄文化。这种村庄文化，应该比较积极地适应并且充分反映现代农村经济社会的发展现状。

（4）新农村乡风文明和社会主义新农村发展的整体建设目标互相适应。乡风文明一定要和新农村建设的整体目标保持适应、相互协调。

“乡风文明”是我国现代农村社会主义发展精神文明十分重要的组成部分。应大力提高我国现代农民对于农业发展的整体素质，积极地培养与造就有文化、懂技术、会经营的现代新型农民，从而为我国实现农民全面发展打下良好的基础。

第二节　乡风民风建设规划

乡风民风建设是建设美丽乡村必须要实施的一个步骤，其建设周期长、建设花费高、传承时间久，是未来美丽乡村建设的重点和核心，同时也是乡村文化建设的灵魂所在。

一、乡风文明建设

促进乡风文明，一定要充分明确乡风文明建设的主要内容，这样才可以做到有的放矢。通常情况下认为，乡风文明建设应该包括整体道德理念、良好精神面貌、较高文化素养、健康生活风尚等多个方面。

（一）加强农民基本道德规范

当前，特别是要深入开展我国社会主义核心价值观的宣传教育活动，充分引导与教育农民群众学会明是非、辨善恶、识美丑。在社会主义新农村的建设过程之中，要立足于农村的实际情况，从群众的身边选出一些典型，注重群众公认，依靠群众推典型，保持典型的本色，拉近典型和群众之间的距离，树立起一大批有时代发展特征、有感人风格魅力、有特定群众基础的先进个人典型，从而在整个农村都能够形成一个崇尚先进、学习先进、追随先进的良好风尚，为建设乡风文明提供一种十分强大的精神支撑。

（二）鼓励良好的村风民风

村风民风的建设可以直接反映出农民思想道德的整体发展水平，直接体现出农村精神文明建设所取得的卓越成效。其中的村风是最为集中的体现，民风往往都是村风建设的重要组成部分，两者之间也是相辅相成的。实现村风民风的好转，其中一个最根本的途径通常是要进一步加强农村的社会主义现代化精神文明建设，大力提高现代农民的文化素质，使一些比较先进的文化、思想能够占领现代农村发展的主要阵地，与其他的不良社会风气进行坚决而果断的斗争，从而形成良好的社会发展风尚。更加需要广泛且比较深入地开展移风易俗的教育活动，消除那些不文明的行为，弘扬好人好事，打击歪风邪气，驱邪扶正，以正压邪。

（三）加大农村文化设施投入

进一步发展和完善现代农村文化的基础设施建设投入相关机制。必须要把乡风文明建设专用资金纳入现代财政的计划之中，甚至还应该设立专项发展资金，使乡风文明创建活动能够拥有一个比较健康的发展基础。

进一步创建十分完备的农村文化发展基础设施。应该充分坚持政府作为主导，乡镇作为依托，以村为其中的关键节点、以农户为其中典型的对象，发展县、乡镇、村文化设施和相关的文化活动场所，尽可能地满足广大人民群众多层次、多元化的精神文化需要。

进一步抓好农村的文化娱乐队伍建设。积极地扶持农民合唱队、民乐团等农村民间文艺团体；引导农民自发地成立龙舟队、秧歌队、腰鼓队、舞龙舞狮队等文化体育组织。

（四）丰富群众的文化生活

文化人才需要充分抓好精神文化产品的创作生产，开展多样化的群众文化活动，做好民族民间的文化保护基本工作。要加大面向“三农”的精神文化产品创作生产的力度，尤其是要重视政策法规类、信息知识类以及文体娱乐类等相关文化产品的创作生产。

另外，要加大基层文化队伍的建设力度，大力培养群众文化的工作者、民间艺人、专业文化工作者、综合执法管理人员等多支文化人才队伍。

二、新形势下乡风文明的建设规划

（一）新形势下的乡风文明建设

乡风主要是一个地方的人们长期在一起生活所形成的习惯、心理特征以及文化习性在长期积淀所形成的约定。乡风文明从本质上来看就是农村精神文明层面的主要要求，包括其中的思想、道德、文化、科技、风俗、法制、社会治安等多个方面的问题，集中反映了农村人和人之间所存在的复杂关系。通过乡风，人们通常都能够感知到当地百姓的不同思想修养、道德素质以及其文化品位。乡风文明往往是美丽乡村建设的灵魂所在，与此同时，也是发展现代农业思想的重要基础与平台，具有举足轻重的作用。

1. 美丽乡村建设的必然要求

乡风文明主要是指农民的思想状况、精神风貌、文化素养、道德水准的快速提高，崇尚文明、崇尚科学，社会风尚积极健康向上；教育、文化、卫生、体育事业相对比较和谐协调发展。当前，中国的农村快速发展，改变了过去人们“日出而作、日落而息”的传统生活方式，农民要求做到衣、食、住、行等多个物质生活条件方面都要进一步改善，更追求精神文化生活得到一个大幅度的提高，要求人们加强乡风文明的建设。

2. 社会主义市场经济的客观需要

在社会主义市场经济发展的新形势下，进一步加强乡风文明建设就显得非常有必要。加强思想道德建设与教育科学文化建设为重点内容的乡风文明建设，开展社会主义市场经济与现代科学技术知识的大力普及教育，使农民可以很好地掌握市场经济的基本知识，进一步提高科技文化素质，才能更好地适应社会主义市场经济发展的需要。

3. 农村社会稳定的重要保证

农村的发展稳定，事关国家社会大环境的长治久安。坚定不移地采用乡风文明建设作为农村建设的抓手，大力增强农村的基层组织建设以及干部队伍建设，充分解决好农民反映最为强烈的重要问题，切实将农民冷暖安危置于心中，尽最大努力维护农民的合法权益，以保证农村社会的发展和稳定，确保国内长治久安。

4. 精神文明建设的组成部分

我国属于典型的农业大国，2017 年年末，农村常住人口占总人口比重的 41.48%。乡风文明也是发展现代社会主义精神文明在农村最为具体的体现，属于社会主义新农村建设的灵魂部分。抓好乡风文明建设，树立有道德、有文化、懂技术、会经营的全新农民形象，不断地增强农民群众的思想道德素质与科技文化水平，大力引导农民养成科学而文明的生活方式，大力倡导积极向上的健康社会风尚，营造出一种和谐融洽的社会发展氛围，极大地促使农民从传统的生活方式逐渐转向现代文明的生活方式，具有十分重大的意义。可以这么说，如果农村的乡风文明没有得到进一步改善，就不可能实现全社会的精神文明发展。

（二）推进乡风文明建设的对策

1. 加速发展农村经济，不断增加投入

推进农村乡风文明的建设，从根本上来看应该加快农村的经济发展。各级财政需要进一步加大对农村的公共事业建设投入的扶持力度，解决好农村行路难、饮水难、上学难、通信难等多个方面存在的问题，为农业的快速发展、农民的大力增收提供良好的条件。同时，也需要不断地加大农村文化设施建设投入的力度，保障乡风文明的建设经验，大力加强农村的宣传阵地文化建设，积极地发展乡村广播、电视村村通工程等，大力支持乡镇建好文化站，支持村庄积极地建好村民学校、图书室、阅报亭、宣传栏等。与此同时，各个乡（镇）村庄都要筹措资金，积极兴办文化实体、组织开展文化活动。

2. 发展群众文化，丰富农民精神生活

继续大力支持开展“三下乡”活动，尽最大努力满足广大农民群众的精神生活需求。强化农村文化活动室、图书阅览室、党员之家等一些文化阵地的功能，充分发挥其思想教育、信息传播、文化娱乐等多方面的作用。积极组织市、县（市、区）的业务人员到乡村去辅导农民的文艺骨干，为农村的文化建设发展补充“血液”，建设起一支不走的基层文化专业队伍。

3. 开展精神文明创建活动，提升农村文明程度

在实施美丽乡村的建设过程中，要紧紧围绕进一步提高群众的文明素质以及乡村文明的程度这一主题，扎实做好各种文明创建的思想活动。以能够培育出新型农民作为其重点，组织村民们大力开展各种学习活动，充分利用村民学校、墙报、宣传栏等宣传形式，大力组织农民群众进行文化、科技、法律等相关知识的学习，积极引导农民去崇尚科学，抵制迷信，破除原有的陋习，从而让农民群众移风易俗，养成文明、科学、健康积极的生活方式，自觉地遵守“爱国守法、明礼诚信、团结友善、勤俭自强、敬业奉献”20 字的公民基本道德规范。

大力弘扬农村文化正气，抵制歪风，建立起公德簿、光荣榜、评议栏，把农村的经济建设、基层组织发展、社会治安的综合治理、计划生育的落实、文化教育的积极进步、乡风文明、村容村貌等的改变当作创建的主要内容。

发动广大人民群众义务地投入进来，有效地整治我国当前农村长期存在的脏乱差等各方面的问题。搞好污水、垃圾治理，改善现代农村的卫生状况。积极走生产发展、生活富裕、生态良好的可持续发展道路。制定与完善现代农村社会的

村规民约，使村民都能做到有章可循、照章办事，逐步实现乡风文明建设的科学化、制度化、规范化。

4. 加强社会稳定，促进乡风文明建设

稳定是发展的前提，也是发展现代农业、建设新农村的环境基础。没有安全的社会环境，那就什么事情也干不成。加强农村治安综合治理，在农村开展以社会政治安定、社会治安稳定、社会环境和谐、队伍建设加强等方面为主要内容的创建和谐平安乡镇（街道）、和谐平安村庄、和谐平安家庭等活动。

要抓好社会治安综合治理工作，建立和健全维护社会稳定的预警机制，处理突发事件的应急机制，社会治安的防控机制，打击邪教组织和非法活动，打击农村黑恶势力，维护农村的稳定。

要狠抓农村救助保障体系建设，完善农村特困户生活救助、残疾人救助、五保供养、养老保险等社会救助体系。建立健全安全生产责任制，排除安全隐患。打击私炮生产、非法采石和农用车非法载客等。

5. 加强领导，建立与完善乡风文明工作机制

加强乡风文明建设，关键在领导、重点在基层。农村基层党委要把乡风文明建设提到更加突出的位置，始终坚持两手抓、两手都要硬，真正落实两个文明建设同部署、同落实、同检查的工作机制，落实“一把手抓两手”的领导机制。

三、弘扬乡村文化习俗

我国的优秀传统文化中，包含十分富有魅力的民俗文化，可以这么说，没有民俗文化的存在，中国的传统文化便是无源之水。随着现代社会经济文化生活发展的多元化不断出现，起源于民俗的大量文化及艺术资源也正在悄悄地流失，过去那种散发出泥土芳香的艺术奇葩也正在不断凋零，使中华民族的优秀传统文化的传统与弘扬出现一个断层。

（一）传统风俗文化的挖掘

挖掘与整理民俗文化，需要深入研究文化的形成、更新以及发展时的变化，弘扬其中积极健康向上的文化内涵，这也是建设美丽乡村最为重要的任务。

1. 注重普查，保护抢救民俗文化

通过对县、乡、村三级进行层层发动，抽调一些主要的业务技术骨干，深入到各个乡镇、各行政村以及自然村中，大力开展农村野外的普查整理，并且将民俗文化详细登记备案。在广泛且深入地进行普查的基础上，认真地分析各项情况，有针对性地提出相对应的保护措施，充分运用文字、录音、录像、数字化等多媒体宣传手段，做出真实且全面的记录。

2. 注重研究，探讨不同风俗形式

从农耕文明、衣食住行、婚丧嫁娶、礼乐、社火等多个方面进行深入的研究与探讨。这些民俗文化之所以能够长期存在和不断得以发展，有其存在的合理性与必要性，是在漫长的发展历史之中长期积淀下来的重要产物，要采取扬弃的态度，古为今用，移风易俗，大力推动社会不断发展前进。

3. 注重传承，弘扬民间民俗文化

加强民俗文化“人才”的培养以及民俗文化“阵地”的建设，充分做好民间艺术的文化发展传承。在队伍的建设方面，一方面需要大力加强民间民俗艺人的相关保护工作，访问、查找、挖掘一大批有代表性的民间艺人；另一方面积极地培养出一大批优秀的民俗文化传人。

4. 注重弘扬，扶持开发民俗文化

开发利用民俗文化，通过搭建多种类型的群众文化展示平台，大力吸引更多的人参与其中。

在实施美丽乡村的建设过程中，要以高度的文化自觉及文化自信，发掘文化村落之中凝结着的耕读文化、民俗文化，使优秀的传统文化能够在和现代文明交流与交融过程中发扬光大。

（二）发展特色文化产业

在农村的建设过程中，有一些地方通常都会进行“大拆大建”，农村的特色特别是文化特色往往都会遭到严重的破坏，加上文化设施建设的严重滞后，出现了乡村文化的边缘化、断层化发展现象。为了能够保护好当地具有典型特色的文化产业，在进行美丽乡村的建设过程中，需要通过富有典型艺术特色的文化带动相关工程的开展，使基层的村居文化传承都能够得以延续、文化氛围也得到提升。特别是对历史文化底蕴深厚的古村落而言，应该着力于保护它的历史文化底蕴，以富有艺术特色的文化带动村居的发展。

在充分发掘与保护我国现有的古村落、古民居、古建筑、古树名木以及民俗文化等多重历史文化遗迹遗存的前提下，优化美化村庄的人居环境，将历史文化底蕴深厚的传统村落培育成为一个传统文明与现代文明有机结合的特色文化村。尤其是要深入挖掘传统的农耕文化、山水文化、人居文化之中的丰富生态思想，将特色文化村打造成为一个可以弘扬农村生态文化的关键基地，并且编制出符合农村特色文化村落的保护规划，制定保护政策。

农村文化产业的发展和壮大，要立足市场、走进消费，面临着多样化的路径选择。

（1）可以通过特色的农村文化旅游推出独特的文化产品，吸引城市以及各类游客前来感受农村独特的淳朴生活风貌。

（2）可以通过充分体验农村的生产经济，采用一种多样化地展现农村文化的参与互动魅力，把农村的生产、生活、民俗、农舍、休闲、养生、田野等一系列的系统链接起来，打造成为农村文化产业的发展链条。

（3）需要开发农村的土特名优产品，组织农民大量发展自身的独特文化特色产品加工生产与经营。

（4）需要充分组织农村的歌舞、农村竞技、农村风情、农村婚俗、农村观光、农村耕织、农村喂养等多种表演与竞赛表演活动，提供具有浓郁乡土气息的文化服务。

（5）应该大力开展农村的休闲娱乐、地方风味餐饮、感受现代农村的生活等多种活动方式，为旅游者提供一个可以居家式的服务以及自助式的生活全套服务。

（6）可以开展农村的文化历史文化层次展览，生动且系统地反映出现代农耕文化、游牧文化、渔猎文化的多重艺术特色与发展历史，开辟针对中小学学生的农村文化教育基地等。

这些经营的方式只是农村文化产业发展的基本模式，在实践的过程中还应鼓励与支持农村的文化产业发展运营创新相结合。

（三）开展多彩文化活动

随着美丽乡村建设工作的不断推进和稳步实施，农村的生活条件出现了极大的改善，人民群众对于精神文化生活层面的追求也日渐强烈，广大农民日益增长的文化体育需要和文化体育的场地、设施短缺之间的矛盾也日益显现出来。在一些文体活动开展得比较好的地方，人们的精神面貌、社会风气都已经出现了比较大的改观，农民在健康水平、文化素质方面也出现了比较大的提高，促使农村出现了移风易俗、文明风尚在农村蔚然成风的现象，极大地改变了农村文体生活层面匮乏的局面。要突出农民群众的主体地位，扩大文体活动在村民群众中的参与面，一定要努力做好以下几方面的工作：

1. 积极完善整体规划

按照以乡镇文化中心为龙头、以村俱乐部为主线、以文化中心户为基石的农村文体建设思路，突出重点，兼顾全面，加强阵地建设的整体规划。重点抓好乡镇文化站的建设，因势利导，建设适合农民文化生活需求的文化阵地。抓好村文化中心户培育，打造一支属于农民自己的文体骨干队伍。在实施规划的过程中，要按照农民的需求，围绕中心村建设，加强公共文体服务体系建设，在改变农村自然村落多、居住分散的现象的同时，建设好图书室、农民公园等文体活动场所。

2. 广泛开辟筹资渠道

建议形成政府投一点、乡镇补充一点和农村自筹一点的筹资渠道，逐年增加对文体阵地建设的整体投入。研究出台相关政策，形成农村文体阵地建设专项资金，规定投入比例，确保足额到位。完善公益文体社会办的机制，积极引导社会力量捐助农村文体事业。建立部门、企业帮助支持农村文体的制度，并将其纳入公益性捐赠范围。与此同时，尽量让部门、企业能够取得一些经济效益，增加他们对农村文体阵地建设投资的积极性。

3. 不断丰富阵地类型

农村地域广、人口多，农民的生产生活、村风民俗各不相同。这就要求建设不同类型的文化阵地，以满足各地农民的要求。可以按照农业生产特点来建立流动型的阵地，选农民需要的科技人员到农民需要的地方讲农民需要的知识。针对农村富余劳动力，借助职业技术培训机构与企业承包的优势，建立固定的阵地来开展针对此类农民的文体活动和教育。

4. 大力培养文体人才

通过保护一批、巩固一批、培养一批、挖掘一批的方式，逐步壮大农村文体人才队伍。要充分保护好现有的文体人才，尤其是一些是带有典型地方特色、民俗艺术特色的文体人才。在稳定现有文体队伍的同时，抓好典型示范和带动。此外，乡镇文化站要积极挖掘农民的潜力，发现和培育热心开展文体活动、热衷于文体技艺学习与实践的农民，并为他们提供培训、提高、展示、交流的机会，保持一支有实力的村文体兼职队伍。

（四）加强地域文化宣传

地域文化专指中华大地特定区域源远流长、独具特色、传承至今仍发挥作用的文化传统，具有独特性。

地域文化一方面为地域经济发展提供精神动力、智力支持和文化氛围；另一方面与地域经济社会相互融合。伴随着知识经济的兴起和经济社会一体化进程的不断加快，地域文化已经成为增强地域经济竞争能力和推动社会快速发展的重要力量。做好地域文化宣传工作，要加大投入、改善环境。

1. 加大对文化的财政投入力度，改善现有的配套设施

加快县、乡、村文化的基础设施建设，主要从两个方面进行考虑：一是需要实现农家书屋，以及职工书屋、休闲书屋、校园书屋、美丽家庭书屋全覆盖；二是进一步加大图书的分馆建设力度。

2. 建设农村文化阵地，利用现有文化资源

一是需要建设一个涵盖群众业余的文艺演出、体育活动、电影放映、广播电视“村村通”“户户通”等多层面、综合性广泛的农村文化前沿阵地，有效地利用现有的文化资源；二是需要突出文化精品的观光带基本建设。以能够建设更加美丽的乡村精品观光带作为主线，将农家书屋、乡村剧院、乡村舞台、地域文化展示馆都纳入观光带的建设范畴之中，进一步丰富现代美丽乡村精品带发展的文化气息。

3. 强化宣传人才培养，加大民族文化的开发与保护

强化对各民族地区宣传人才的培养，重点关注各个民族的宣传干部以及有志于民族文化发展的社会各界人士，着力于加大对民族文化的深度开发与保护，进一步增强对民族文化的高度认同感与深刻自豪感。

4. 利用现代传媒，加大地域文化宣传

信息技术已经成为21世纪最为先进的生产力，以互联网、卫星电视、有线电视为主要代表的现代传媒彻底改变了公众过去获得信息的单一途径。而且现代传媒往往还具有典型的宣传目标的多元化、传播过程双向性以及互动性、传媒资源的丰富化、传播受众的广泛性、信息传播的全球化等多种特征，因此其加大了地域文化的宣传力度。

四、推动乡规民约建设

乡规民约（乡约）是我国基层社会发展过程中，在某一个特定的地域、特定的人群、特定的时间范围内社会成员一起制定、共同遵守的自治性行为规范、制度的总称。作为我国传统文化十分重要的组成部分，乡规民约往往对维护农村社会的稳定和发展起到十分重要的作用，是乡村秩序构建与维持过程十分重要的因素之一。

（一）最早的乡规民约

在某种程度上，乡规民约的最初出现，是中国传统文化精英们以教化治国的理念在农村的试验。中国传统农村的一大特点是稳定，农村结构与农村群体变动不大，这就为乡规民约的出现提供了有利的土壤。有学者认为，中国最早的乡规民约应当在周代，最晚在秦汉时期已经出现。《周礼·地官司徒·乡师/比长》记载道:“五家为比，十家为联；五人为伍，十人为联；四闾为族，八闾为联；使之相保相爱，刑罚庆赏，相及相共，以受邦职，以役国事，以相葬埋。”这可以视为中国早期村落、村民之间彼此交往的乡规民约。

当然，此时的“乡规民约”的规定非常简单，远不如后代的完善。目前，学界倾向认为，中国最早的成文乡规民约是北宋理学家吕大钧倡导推行的《吕氏乡约》。以“教化人才，变化风俗”为己任的吕大钧及其兄弟制定的《吕氏乡约》是将国家法、习惯法和道德有机结合起来，同时还成立了相应的组织负责乡约的执行工作。可以说,《吕氏乡约》的出现，揭开了中国成文乡规民约的先河。其后100年,《吕氏乡约》得到南宋理学家的集大成者朱熹和易学大师阳枋的推崇。

（二）当代的乡规民约

中华人民共和国成立以后的30年时间里，乡规民约在表面上并没有得到重视。但20世纪70年代末改革开放以来，乡规民约作为村民自治的主要制度形式得以恢复和发展。截至20世纪90年代，村民自治章程作为乡规民约的高级形式首先在山东章丘出现，进而推广到全国大部分地区。当然，由于社会制度和意识形态发生了根本性的变化，当代乡规民约无论是形式还是内容都发生了重大变化。1998年修订生效的《中华人民共和国村民委员会组织法》(以下简称《村民委员会组织法》)第二十条规定:“村民会议可以制定和修改村民自治章程、村规民约，并报乡、民族乡、镇的人民政府备案。”“村民自治章程、村规民约及村民会议或者村民代表会议决定的事项不得与宪法、法律、法规和国家的政策相抵触，不得有侵犯村民的人身权利、民主权利和合法财产权利的内容。”这是当代村规民约和村民自治章程制定的法律依据。

从各地制定的村民自治章程来看，它已然涵盖了传统乡规民约所涉及的内容，是一个村民自治各种制度的系统化、规范化，它应该属于村规民约的范畴，却是新时期最完备的村规民约，是新型的村规民约，与一般的村规民约相比，村民自治章程更为规范、更为全面、更为系统，也更具权威性，是对传统乡规民约的重构或扬弃。村民自治章程的制定，标志着村民自治又进入一个新的发展阶段。

第三节　培育和弘扬乡贤文化

一、乡贤文化的基本概念

(一)乡贤文化，源远流长

乡贤文化的重要传承思想源远流长，在《周礼》《孟子》中都已经有这方面的记载。具体表现为乡村组织和管理的构想，并且还在社会实践过程之中得以实施。秦汉之后就已经推行以“乡三老”为乡村最高领袖的乡治制度。此外，不同历史时期仍然还有“乡先生”“乡达”“乡绅”等多种原始的称呼。总体来看，“乡贤”一词主要是指在民间本土本乡具有德行、有才能、有声望，深受当地民众所尊重的群体。

北京大学教授张颐武曾经认为，乡贤文化属于中国农耕文化的产物，乡贤文化其实就是士阶层文化在中国乡土的一种表现形式。在传统的中国社会阶层之中，士阶层往往都是社会的实际管理者，同时也是社会文化精神的倡导者。

在我国传统社会之中，乡贤往往还在维系地方社会的文化风俗、教化等多个方面发挥着比较积极的作用。礼法合治是我国古代优秀治理经验，古代乡贤们为县以下广大乡村的治理贡献了智慧。北宋时期，蓝田的吕大忠、吕大钧兄弟等一些地方的乡贤自发制定、实施的《吕氏乡约》，属于中国历史上最早制定的“村规民约”。规定乡党邻里间的基本准则，对乡民的修身、立业、齐家、交友等多方面的行为做出了一定的规范性要求，引导当时的人们伦理生活模式。

（二）乡贤文化的挑战与窘况

康有为曾经在19世纪末期时说，中国的传统文化遭到了“2000年来未有之变局”。这种“变局”主要包括曾经深受乡贤文化所滋养的中国乡村社会已经遭遇到的冲击。在城镇化发展的巨大浪潮之中，农村一些比较优秀的人才大量朝城市流动，很多乡贤或者定居城市或者外出经商务工，正所谓“秀才都挤进城里”，人们不禁会叩问：“乡贤何在？”

需要看到的一点是，尽管乡土中国在现在已经出现非常大的变化，但是传统社会之中的架构仍然没有完全坍塌，乡村社会中出现错综的人际交往方式，以血缘所维系的家族与邻里关系仍然还十分广泛地存在于乡村中。在这种情况之下，乡贤依旧非常的重要。作为本地比较有声望、有能力的长者，乡贤在协调冲突、以身作则、提供正面的价值观等多方面的作用都是十分重要的。

中国需要乡贤文化的复兴，但是这并非传统士绅文化的回归。传统社会之中的乡村，由于生活在一个熟人的社会之中，并且还不太重视法律与契约的作用，所以，就会更加注重有威望的乡贤对社会公正做出的维护。很明显不能回到原来那种状况之中，需要做到与时俱进，需要村舍民间领袖以及社会体系之间的有机融合，精英与地方治理之间的有效结合，更需要避免本地生长起来的乡贤离开乡以后就断了联系，这需要政府给予大力的支持。乡贤往往也是乡村社会重要的黏合剂，他们的知识以及人格的修养都能够成为乡民维系情感联络的重要纽带，使村民有村舍的荣誉感以及社区的荣誉感，这样的乡贤文化往往都是有上进心与凝聚力的。

二、乡贤文化

（一）乡贤的界定

乡贤，也就是乡里的社会贤达。在古代社会中，乡贤主要是指品德、才学被乡人所推崇敬重的人，不仅有食朝廷俸禄的好官，同样也有德高望重的贤者，还有一些是贡献非常卓著的能人。他们作为乡贤，受到后人的极大敬仰与崇拜，充分表明了国家与社会对其人生价值的直接肯定。

从现代观念和现实的需要方面出发，乡贤的范围已经不仅仅局限在道德和才能层面广义的文化名人，同时还包括在政治、经济、军事、文化、科学、教育、文艺、卫生、体育等各个领域取得突出业绩，在本土本地有较高声望的社会各界人士。

在现实农村中，群众公认的优秀基层干部、道德模范、身边好人等先进典型，都可以称为乡贤。许多农村干部，也许文化并不高，但风里来、雨里去，肩挑着集体事业，心头装着百姓冷暖，业绩或大或小，付出了努力，无愧于良心，他们是百姓心中的乡贤；还有许多人致富不忘乡亲，带动更多的人实现脱困奔富，他们也成了百姓心目中的乡贤。还有一种乡贤则是出去打拼奋斗，有了成就之后再回馈乡里。他们可能人并没有生活在当地，但是因为通信与交通的便利，他们能够通过各种形式来关心家乡的发展，他们的思维观念、知识以及财富都可以影响到自己的家乡。

总之，无论职业，无论居住地，只要生在这里，长在这里，奉献在这里，在百姓心中的“天秤”上就占到了一定的位置，都可以被尊称为“新乡贤”。

（二）优秀乡贤文化的弘扬

社会学家费孝通认为，中国社会属于一个典型的“乡土社会”。在漫长的农业历史文明之中，包含的是中国传统的乡村治理智慧和经验，乡贤文化则深深地根植在其中，在古代的国家治理结构之中也充分地发挥了比较重要的作用。一方面，历史层面的乡贤热心于公共事务，维系地方社会的文化、风俗以及教化，造福一方百姓；另一方面，乡贤在维持乡土社会的有效运转上也充分发挥了自己十分重要的作用。

当前，我国正处在社会发展的重要转型期，一方面城镇化快速发展；另一方面以“中国传统文化”作为内核的“中国村落文化”的遗存现状也令人感到十分的担忧。当下的乡村治理和乡村社会重建应该从优秀传统文化中寻求资源。

当前社会主义新农村建设、社会主义核心价值观的发掘与实践表明，优秀的传统乡贤文化是可利用的十分重要的文化资源，具有十分特殊的现实意义以及非常重要的价值作用。

乡村自治的深厚乡贤文化基础是值得充分发掘和利用的重要宝藏。乡贤文化中所蕴含的高度智慧与人文价值，潜藏着与现代农村基层民主制度相契合的因素，讲对激发乡村发展潜力发挥不可估量的作用。

三、乡贤反哺农村发展

过去，弘扬与传承乡贤文化，有老传统可循。乡贤者祠堂供奉，家谱有事迹可载。有的镌刻在石碑上，甚至地方志有列传，有的流传在民间故事中，也有的融入家风家训“传家宝”中。今天，时代在进步，有些老传统还在借鉴、传承，有的地方以编写家谱形式挖掘乡贤的氛围很浓。各地编写的方志，将地方旧的、新的乡贤一并列入供后代学习，也是好传统、好做法。但是，随着时代的进步，有些传统成了“明日黄花”，因此，与时俱进，挖掘和利用乡贤文化势在必行。

（一）重构乡贤文化

当前，中国城镇化发展迅速，农民外出务工，许多乡村人才流失，人去地荒，农村正呈现出空壳化的趋势。有统计数据表明，2011 年，中国城镇人口首次超过农村，占比达到 51.27%。这当中，乡村空心化、乡村文化断裂、农村治理失效尤其令人忧心。乡贤回归，重构传统乡村文化，这也是中国现代化进程中实行乡村治理的一个比较有效的方式。

一是涵育文明乡风，积极地开发乡贤相关的资源。除了传统历史名人、社会精英之外，今日乡村的好干部、好村医、好教师，身边的好人甚至一些“贤妻好媳”，也都有闪光点、新故事，更难能可贵的一点是“原生态”精神财富，值得深入去挖掘、擦亮。积极地开展“好村官”“好村医”“好媳妇”“好公婆”等相关称号的评选活动，结合文明新风户评比、家风家训教育等，有机地融入乡贤嘉言懿行之中，从而形成十分浓烈的贤文化氛围，有益于传播文明乡风，构建起来一个“原生态”的精神文化家园。

二是设立社会相关荣誉、鼓励机制，大力引导乡贤进行反哺，奉献乡土，凝聚十分浓郁的乡情。中国农村同样也都拥有非常优秀的传统文化资源与人文资源，“衣锦还乡”“德泽乡里”的思想深深地扎根于每一个中国人的心中。各地的乡贤或者是从政或者是从教或者是从商等，拥有十分庞大的人力与物力资源。他们不仅关心家乡的现代化发展，同时还十分愿意为自己的家乡做一些公益事业。他们拥有比较好的技术、资本、信息市场与人脉资源，只要当地具有比较健全的组织协调与沟通服务机制，就可以以项目回迁、资金回流、信息回馈、智力回乡、技术回援、扶贫济困、助教助学等多种多样的形式反哺家乡。

（二）成立乡贤理事会

农村的发展急需创新农村的社会管理，打破体制机制方面存在的束缚。广东省云浮市创新了农村社会的发展管理模式，培育并且发展了自然村乡贤理事会，充分利用其亲缘、人缘、地缘方面的优势，发挥经验、学识、财富以及文化修养方面的优势，凝聚社会的相关资源，协助镇（街）村（居）委、自然村（村民小组）等开展农村的公共服务与公益事业建设，弥补基层政府与自治组织提供公共产品与公共服务方面的不足，形成一个有益的补充，理顺了乡贤服务的乡土机制，2013 年时荣获第二届“广东治理创新奖”。

1. 决策共谋，民事民议

理事会采用座谈会、进村入户等多种形式，围绕本村的公益建设项目以及民生实事进行充分的研究讨论，凡是牵涉村民切身利益的项目立项、规划设计、路线走向以及遇到的困难问题等方面，都坚持广泛地听取村民意见，发动广大群众献计献策，集中群众的意愿，使项目的建设充分体现村民的意志，引导群众逐步从“观望”的态度逐渐转向“关注”的态度，进而转向“主动参与”。

2. 发展共建，民事民办

理事会出钱、出力发动群众申报奖补项目，带动群众由“要我建”转变为“我要建”，形成“政府自上而下层级发动，群众自下而上多方参与”的共建局面。

3. 建设共管，民事民管

理事会在村道、水利、环境、文体等多个奖补项目的建设过程之中，充分引导村民组建义务的监督队伍，对在建的相关项目工程进度与质量，对建成的项目维护与保养等，开展了轮值制等多种形式的监督与管理。通过开展一些清洁家园等活动，培养村民们良好的生活习惯以及文明的行为，提高广大群众的文明素质。通过征询相关群众的意见和建议，订立村道维护、卫生管理、美化绿化等相关的村规民约、管理公约，以制度来管人、管事、规范自治，实现共同的管理，有效维护村容村貌以及农村的秩序。

4. 成果共享，培育精神

在理事会的大力发展协同之下，广大农村群众在积极参与共谋共建共管中，共享发展的有效成果，培育出了典型的“自律自强、互信互助、共建共享”的农村协同共治精神风貌，持续促进了美丽幸福家园的建设。

四、乡贤反哺的感人故事

（一）文天祥后裔乡贤助学故事

广东省惠州市白龙塘村村民大部分姓文，是南宋抗元英雄文天祥的后裔。

根据惠州市天祥助学促进会的会长文春明介绍，白龙塘村的村民大多都是文天祥之弟文壁的后代。文壁原来在惠州曾经担任过知州，后又在惠州留下子孙后代，白龙塘村的一些村民就是他们中的重要部分。

受历史传统文化的熏陶，白龙塘村向来都非常重视现代文化教育，也都会深刻地缅怀先祖，传承后人，直至现在还仍然发扬尊师重教与忠孝的优良传统。2007年，经在外地做生意的几个乡贤的倡议，白龙塘村专门成立了助学慈善机构——“惠州白龙塘奖学基金会”，2011年正式注册更名为“惠州市天祥助学促进会”。7年来，在这一助学促进会的帮助之下，村里考上大学的学子300余名。在村中助学基金与乡贤们的大力帮助之下，很多学子也非常顺利地读完了大学，甚至还有一些人考上了研究生。

（二）水乡最美村庄的诞生

三板村富了、美了、出名了！幸福村居、湿地公园、百鸟天堂，年内还要推出三板村航空旅游节、胥家文化节。广东省珠海市金湾区三板村的变化源自一名叫梁华坤的乡贤。

五年前，三板村还是有名的贫困村、空壳村。2009年，梁华坤在外打拼了20余年，其物流企业一度占据珠江口集装箱航运市场47%的份额。当他穿梭于粤港澳宾馆酒店，准备到房地产市场大显身手时，遇到了周金友。

万事开头难，创业伊始缺乏咸淡水养殖经验，村民不信任，三板村水产养殖专业合作社创办的前两年，他几乎是“光杆司令”。直到第三年，净投入300多万元打造的湿地生态系统初步形成，久违的芦苇摇曳、千鸟翔集的美景出现在三板村，梁华坤的脸上才有了笑容。从这时开始，梁华坤走上了造福桑梓的道路。

第二步，投资1000多万元，改造并承包了2 200亩撂荒地，实现了特色的海鲜品牌“小林草鲩”生态养殖，探索出了一条“企业＋农户”“资本＋技术＋土地＋管理＋市场”的发展新模式，大力引导村中的养殖散户以承包地（鱼塘）租赁或者量化入股的形式和他的合作社进行共济、共融、共享或者是使用一些合作社统一提供的种苗、饲料、技术以及养殖的标准，由合作社采用以保底协议价收购原来农户养殖的水产品，并且还对加盟的农户实行第二次分红以及年底股份分红的方式，在保证村民实现良好收益的基础上，实现全村水产养殖规模化与品牌化发展。

“造福桑梓，赶早不赶晚，再难我也要挺过去。”梁华坤道出了自己的心声。

（三）副县级编外村干部

1995年，一位副县级党员领导干部——肖而乾，带着自己的老伴回到了老家——芦溪县上埠镇涣山定居。从县城搬到了村里之后，肖而乾向村“两委”大胆地“伸手要官”，勇敢地担任了村老协主席、关工组副组长。

涣山村有一座长达百年的肖氏祠堂，原先已经破败不堪了，堆满了杂七杂八的东西。“这个祠堂就这么荒着，真是可惜，是不是拿来做点事。”曾经担任过芦溪县委宣传部副部长的肖而乾以一位文化人的视角进行判断，应该能够将它改造成为一座乡村文化大院。在肖而乾的大力倡议之下，村中最先成立祠堂管理委员会，后来经过集体决策与本人的带头，多方筹措资金，把这一老祠堂进行了修缮，创办起村级的文化大院，并且还进一步添置了各类的文体器材，开设了图书室、阅览室、球类室、棋类室、排练房、录像放映室等多种形式文体活动场所，挂起了涣山村“青少年社会教育学校”“义务调解站”“留守儿童之家”“农家书屋”等牌子。现在，这个文化大院已经成为全村人的文化乐园。

文化大院的建设，使村中的300余位较为清闲的老年人大受其益，肖而乾也想出了各种办法让村中的年轻人喜欢上这一老祠堂。他发现，村中的年轻人想要干事，但是往往都不知如何去干，缺乏一种致富的本领。于是，在肖而乾的大力邀请之下，县科技局、农业局的相关科技人员与专家常常来到大院中上“农民文化技术学校”课。他们不仅将种养技术等相关的技术型知识讲给农民听、做给农民看，同时也带来了科技致富的书籍资料以及科技种养的光盘，每上完一堂课，这些资料与光盘往往都会被年轻人一抢而光。不但如此，肖而乾还积极主动地大力扶持青年农民进行创业兴业。村民欧阳宽雪从北京科技大学毕业后，回到涣山村创办养猪场。在创业之初，肖而乾带着他到县里四处跑，帮他解决了资金上的困难。如今，欧阳宽雪的养猪场已经走上正轨，带动周边十余户青年农民发展养猪业，成为大学生回乡创业的先进典型。

涣山村地理位置较偏，以前村民去一趟镇上，少说也得走上半小时。肖而乾认识到，要发展经济，修路是当务之急。2002 年他找到村干部商议此事，又挨家挨户做通相关占地村民的工作，直到得到所有人的理解支持。2003 年，村里的修路工程启动，肖而乾又带着村里的干部和党员，每天都在工地上挥汗如雨。村民看在眼里，纷纷加入修路的队伍中。

村里要建桥、搞绿化，他积极出钱、出力。村民家中有困难，他慷慨解囊。据不完全统计，近年来，肖而乾为村里的公益事业和救灾助困累计捐款超过 6 万元，而他自己却始终过着两袖清风的生活，住的房子还是 30 多年前建的。

第六章　乡村环境公共空间规划设计实践

第一节　美丽乡村环境公共空间规划设计要求

一、农民对公共空间的需求

美国心理学家马斯洛（1908—1970）的人类需求五层次理论是研究人的需要结构的一种理论，是一种首创理论。首先，人要生存，他的需要能够影响他的行为。只有未满足的需要能够影响行为，满足了的需要不能充当激励工具。其次，人的需要按重要性和层次性排成一定的次序，从基本的（如食物和住房）到复杂的（如自我实现）。最后，当人的某一级的需要得到最低限度的满足后，才会追求高一级的需要，如此逐级上升，成为推动继续努力的内在动力。

在满足了物质需求的基础上，人们就有了更高的要求——精神需求。以前的农民温饱都没有解决，根本没有心思去想空闲时间去做什么，或者充实自己的生活。但现在不同了，农民的生活水平提高了，要求也就相应地提上去了，看到城里人有什么他们也要买什么，城里人用什么他们也要用什么。这就是进步，就是发展。

研究农民对公共空间的需求，是为了更好地了解农民的想法，了解现在的经济状况下农民的思想。在党的十六届五中全会上，党中央明确提出了建设社会主义新农村的伟大历史任务，并确定了新农村建设的20字方针，各基层正在如火如荼地进行新农村建设，但是有没有想到农民想要的是什么样的新农村呢？这正是我们在进行农村公共空间建设之前所要考虑清楚的。

讨论研究的是农民对公共空间的需求，是农民的思想，是农民对公共空间的需要。农民的生活水平提高了，对精神需求的要求自然也就提高了，需要什么样的公共空间只有农民自己心里最清楚，别人强加上去也是枉然。

研究农民对空间环境的需求，能够帮助我们全方位地了解农民对公共空间的要求，能够看到农民真正需要的是什么，做到从基层着手，做到以民为本。

二、共同建设乡村家园

社会结构包括人口结构、家庭结构、就业结构、社会阶层结构、城乡结构、区域结构。农村环境艺术设计是一项由政府、农民、设计师和民间组织共同参与、共同努力的社会事业，只依靠任何一方或者几方都无法真正将这件事完成。但是在大多数人的观念中，规划与设计是政府的工作，是作为一种政府部门的职能产品而存在的，这种观念现在看来是不正确的。

中国的农民一直以来都具有朴实勤劳的传统美德，自私自利和目光短浅主要是由于农村现实条件的制约和农民的生活水平低下、受教育程度不高等原因造成的，而这些也是导致农民环境意识整体薄弱的根本原因。为了摆脱贫困，农民急于发展经济，对个人利益较为看重，因而会为了维护个人利益而做出漠视公共利益的选择。农民的这种做法虽然可以理解，但是却不值得提倡，培养农民的公共和环境意识是一件迫在眉睫的事情。

艺术感不是自然的天赋，而是一种在特定的文化条件下通过学习获得的能力。童润之曾说过：“建造美术馆、博物馆、博物院、陈列所、公园、动植物园及其他含有美术性质的公共建筑，大都限于城市，乡村无法染指，这是一个很大的缺陷。这类建筑与设备，不但可以培养乡村人们欣赏美术的能力，而且可以给予人们正当娱乐的机会。提倡乡村美术的认识，不得不注意此点。”但在现今的农村，农村公共活动基本场所，如广场、球场、图书室等都较少。

国内的艺术聚落大多因艺术而生，因商业的进入而终结。如何寻找艺术与商业开发，特别是与城市扩张之间的平衡，让艺术家有长久的安身之所，是众多艺术聚落一直未能解决的难题。成都市通过打造统筹城乡改革“升级版”，以明晰产权为切入点，让艺术家有了稳定的创作场所，也利用艺术产业链带动了当地农民增收。

“成都蓝顶”位于成都市锦江区和天府新区交界处，距离市区 10 公里，依山傍水，空气清新，充满野趣，正契合众多艺术家追求的环境特质。

在“成都蓝顶”的实践里，成都市作为全国统筹城乡综合配套改革试验区，按照打造统筹城乡改革“升级版”的政策，通过规划和土地政策保障了艺术家的权益。具体的做法是，政府将蓝顶艺术区周边规划为环城生态区，集体土地通过流转，并用立法保护艺术区用地和规划的合法性，摒弃城市“摊大饼”式无序扩张，保证这里免受商业的侵蚀；政府还为艺术家工作室颁发合法的房屋产权证。在解决艺术家后顾之忧的同时，也保证了农民利益的最大化。

统筹城乡改革“升级版”的红利，艺术家迸发出前所未有的创作激情。按照政府统一规划，这里已建起了独立式、集合式等多种形式的工作室。有的艺术家则租用这里的工作室。在蓝顶，各具特色的“画舫”散落在坡地里。艺术家与当地群众和谐共居，艺术的抽象和生活的现实叠加在一起。

蓝顶当代艺术区所在地原本是一片贫瘠的农村荒地。后来，这里率先进行统筹城乡新农村建设，村里环境大为改善，随之而来的艺术让许多村民沾光致富。

村民李志军做梦也没想到自己会成为“文化工作者”，他如今是蓝顶美术馆的馆长助理。在李志军周围，不少村民放下锄头拿起了画笔，成为业余画家。另一些村民则做起了加工画框、做艺术品物流的生意。如今，围绕蓝顶艺术区的艺术产业链已初步形成。画框生产、艺术品物流配送、艺术商业、艺术会所等陆续兴起，越来越多的当地农民参与到这个艺术经济生态圈中，蓝顶艺术区的规模也逐渐扩大。

蓝顶艺术馆馆长金延说，这一切改变是统筹城乡改革试验的积极成果，“城乡统筹就是共享、共生、共荣”。他认为“蓝顶现象”给中国的新型城镇化发展提供了另一种价值观，不是把乡村全部用推土机推倒，土地拍卖了建一片水泥森林，而是城市与乡村和谐发展、物质与文化齐头并进的概念。

因此，在农村建设中各级政府仍要切实承担农村的公共设施建设和公共服务的领导责任，实现人们的生活方式从“小我”向“公德”的转变；引导村民改变固有的陈旧思想观念，提高村民对公共空间的理解力；在公共空间视觉营建中担负起提升农民审美水平的责任，用好的艺术效果去影响、改变公众审美的落后性。此外，政府作为规划中重要的利益主体，应主动和村民、设计师、民间组织之间形成一种和谐、有机的互动。

南洞村邀请专家和艺术院校教授策划项目建设，对村居进行规划设计。结合旧村改造，将南洞原有的院落式平房，改造成具有鲜明特色的海岛石屋，既保留乡村特色又显示现代气息。这正如蔡元培先生在《美育》一文中所描绘的美的乡村的样子：“……全乡地面而规定大街若干，小街若干，街与街之交叉点，皆有广场。场中设花坞，随时移置时花；设喷泉……陈列美术品，如名人造像，或神话、故事之雕刻……两旁建筑，私人有力自营者，必送其图于行政处，审为无碍于观瞻而后认可之……”蔡元培先生主张要在“美”的环境中对人们进行美的教育，而且生活在“美”的环境中并能对其有主动感知能力的人必然比在“不美”环境中的人具有更强的审美能力。

在农村建设过程中，存在村民、设计师、村委、民间组织等几方。由哪一方主导，将直接影响环境营造的重点和效果。设计师主导的重点关注的是物质的空间布局，容易导致设计师把其自身的审美情趣及价值观强加给村民，而来源于设计师的审美情趣和价值观对长久处于乡村文化熏陶下的村民而言，也不一定能够喜欢和愿意接受。过于强调“艺术家中心”的观点非但不利于艺术的传播，反而会对其传播造成阻碍。对设计师来说，应该拥有为民服务的崇高理想。

艺术美化乡村空间，让我们想起了包豪斯那种期望以艺术改造社会的理想，虽然只是那个时代的一个“乌托邦”，但应该承认的是，这确实可以作为艺术的最高理想，通过艺术和设计中的人文关怀来传递社会伦理与道德，不断地接近理想，构建一个真善美的境界。对农村的环境建设来说，除了满足设计师在艺术及自身等方面的利益诉求以外，和农民进行良好有效的沟通，显得更为重要。而村委会主导下的基础设施建设，向来缺少美感和人文关怀。这样一来，农村公共空间视觉文化建设容易变成乡村的“政绩工程”，使农民对于自己村庄的发展仍然处于一种被动接受的状态。这两种情况下的环境营造都不可能产生理想的效果。

在农民的物质生活还未丰富的情况下，他们也向往“城市”美好的生活环境，让其在现代化生活的诱惑与传统地域特色或者自然环境之间进行选择，为了保留传统特色和自然景色而忽略高质量的生活显然是不太现实的事情。例如，在农民参与规划设计方案评价时，物质性的居住条件往往会成为农民在参与规划时关注的焦点，而自然生态环境则容易遭到忽视。另外，虽说强调村民的参与，村民即使参与到了规划设计过程当中去，在其中起到的作用却也是很小的，多是一种“表演性参与”；公众参与将一部分决策权让位于没有接受过专业和美学训练的农民，农民整体素质的局限性必然会对环境塑造的质量产生影响，抑制设计师思想的表达，也出现了压制设计的创新性等诸多问题。

农民在农村环境营造中是耕种者、建造者，更是园艺师、建筑师，让农民主动地“参与设计”，是要农民与建筑师、规划师、艺术家一起探讨对空间的切身需要等种种细节。农民是新农村建设的主要实践者，“自下而上”“农民动手”培养农民参与农村建设的热忱，唤回广大农民自身的主体意识，加强农民的审美培育，将农民参与的可能性赋予和加强到新农村建设中去；尊重自然规律，使自然景观与人文景观有机融合，构建农民与环境和谐相处、宜人亲和的新农村。

第二节　美丽村居建设下农村社区公共空间景观设计

美丽幸福村居是从农村社区居民基础设施建设出发，通过协调交通、建设公共设施、景观绿化等措施，提高农村社区居民居住幸福感，改善农村社区居民生活环境，体现当地的风土人情与文化，从而促进农村社区的发展。随着美丽幸福村居建设理念的普及，农村社区公共空间景观设计也显得更加重要，不仅可以促进美丽幸福村居建设理念的落实，还能为农村社区居民提供更好的生活环境。

美丽幸福村居，是在已铺开的宜居社区（村）建设工作局面上延续开展的村（社区）工作。美丽幸福村居建设要全面落实美丽幸福的内涵，确立理想目标，为农村社区居民提供美丽、幸福的家园。

一、美丽幸福村居建设下农村社区公共空间现状

（一）农村社区公共空间的含义

农村社区公共空间主要是指人们可以自由进出，进行各项活动和信息、思想交流的公共场所，如场院、中心绿地、广场等。由于这些场所具有人群的聚集性和活动的滞留性，是人们最易识别和记忆的部分，也是农村社区特色的魅力所在。

（二）农村社区公共空间现状

1. 农村社区公共空间存在的主要问题

（1）注重眼前利益，缺乏可持续性

长期以来，城市以经济发展为导向的管理理念导致村庄发展的可持续性不强。具体表现在以下方面：①土地利用碎片化和无序开发建设，不但影响农村社区的空间品质，土地资源的浪费更是成为阻碍农村社区集体经济进一步发展的桎梏。②缺乏环境保护意识，对耕地、林木植被、河流水体等污染严重。③现代化的城市生活对农村社区原有的传统文化产生了极大的冲击，城镇式的建设模式与

发展理念带来了“村村像城镇”的怪现象，传统村落文化面临继承危机，乡村特色趋于消失。

（2）轻规划，重建设

城市在发展过程中，乡、村全部纳入市、镇规划范畴，村庄规划管控统一按照城镇规划标准。因此，这对已建成的村庄来说，往往导致规划大多只能停留于蓝图状态，实施性不强，对村庄建设的关注点多是环境整治和基础设施改造方面，对村庄的公共空间规划更是少之又少，这导致农村社区的整体局面缺乏秩序感、舒适感。

2. 村民对公共空间的心理需求

农村社区居民的邻里关系密切，喜欢进行大量的邻里交往活动，如日常交往、举行节庆活动等。但在城乡建设进程中，政府及设计者对农村社区居民的这种心理需求不够重视，导致农村社区的公共空间缺乏人性化设计，即使建成了也会由于后期的养护管理不到位，使得公共空间既脏又乱，导致能够互动、休闲的公共空间在农村社区严重缺乏，远远满足不了农村居民的心理需求。

3. 公共设施不完善

“公共设施”一般是指公共场所用于活动的、人们可以感知的设施，包括广场、公共绿地、道路和休憩空间等的设施。农村社区一般存在着公共设施数量不足、建设质量不高、建设布局不合理、后期管理维护不到位等现象，给社区居民的生活、出行、工作等带来很多不便。

二、公共空间的分类

1. 分类

将公共空间从宏观上根据形态尺度的不同，可大体分为点状空间、线状空间、面状空间。

点状空间：类似于村口、古树、广场等单元空间，一般是一村落里面的景观上抑或是空间上的节点处，是人们日常交流、休憩乘凉的场所，往往具有可识别性。同时，也是一个村落里风俗习惯等最形象具体的代表，是外来人员对乡村先入为主的第一印象。

线状空间：作为乡村的重要空间之一，主要是村落里的道路交通系统，代表了整个乡村的骨架，是点状空间和面状空间两者之间相互关联的纽带，如乡村里面的街道、河流及湖泊等。

面状空间:从宏观的角度来看待整个乡村的公共空间分布情况。与“点”“线”空间有效地形成了整个空间的网络构架，它承载着乡村居民的生活习惯与公共活动，是乡村聚落整体环境的重要组成部分，维系着社区的认同感，传承着传统文化精神。

2. 现状

随着新农村经济发展得越来越好，村民的生活质量也逐步提升，而人们对于公共空间的需求会变得多元化，但目前尚存在如下问题：

（1）功能不够多元化。现如今人们需要的乡村生活不再是简单的只是满足于人们围坐在一起家长里短地闲聊，还有很多原本的交往活动也在逐渐消失，如乡村里面的旧戏台或者是祠堂等建筑，因为建筑和环境的破旧加上人们兴趣活力的消散，会导致一些传统的活动慢慢淡出人们的视野。还有村民活动中心建设，也从只有基础办公和几个打乒乓球的空间变成了需要集合阅读空间、多媒体空间、小商店等于一体的复合空间。

（2）空间面貌大多趋于“城市化”。由于需要进行村庄搬迁和农村住房的更新，无论是新建的村庄还是传统的村庄，公共空间都是以自上而下的决策形式建造的。公共空间的形式取决于政府决策者的偏好，使公共空间成为城市化的趋势。与此同时，政府规划者往往只关注生活空间的外在形式，却忽视了公共空间环境的建设，只是模仿城市公共空间的建设。如此，新的农村内部公共空间就已经失去了当地本应具有的人情关怀。公共空间被交通功能占据，起不到一个聚集人群的功能，人们随意通过，这样便失去了容纳集体空间、人际交往等一系列活动的作用。

（3）地域性。如果说人为的场所都和它们的环境相关，自然条件与聚落形态学便有一种意义非凡的关联性。一个聚落或者村落的整体形态必然与其所处的地形地貌有着极大的关联。“当整体环境有地形存在时建筑才诞生”，这就充分说明了建筑是要扎根于环境中的，并不是一个标准对许多地方复制的模式一样，只考虑了这个空间能不能用的问题。马岔村的村民活动中心建筑环境与其周围黄土高坡的地理风貌相协调，使用了村落里当地的夯土技术建造，很好地囊括了村落的民居民风、生活习俗和原始风貌。从远处瞭望，建筑能够十分协调地融入周围环境之中，符合地域文化的特点。

（4）缺少对儿童的考虑。近年来城市化进程中的人口迁徙和新农村建设，加剧了乡村社会经济的发展变迁，在乡村人口结构变化、经济活力提升的同时，也带来了乡村公共活动及承载它的传统公共开放空间的衰败。在人们思考并投放美丽乡村建设时，更多考虑为孤寡老人提供适老化设计，但忽略了留守儿童的游乐嬉戏空间或者场所。在这方面，关于专门供儿童使用的空间上有些欠缺考虑。

三、乡村公共空间环境设计原则

关于美丽乡村建设，人们大都将重点放在了整个村落的空间布局规划以及景观环境的治理问题上。而公共空间存在的重要性往往会被忽略掉，它在将人们的生活相互联系起来的同时，既具备景观的功能又有服务村民的功能。关注乡村中的公共空间环境设计，能更好地把握小空间与大空间的均衡关系，对整个乡村的规划起到积极的调整作用。

1. 参与性

在建设公共空间的过程中，如果有当地村民的共同参与，共同去完成建造，一方面可以获得一些因“不确定性”而产生有趣的意外收获，另一方面可以使人们在参与建设的过程中与场所空间产生天然的联系，它们既是建设者也是使用者。尤其是供儿童游乐的场所，如果让小孩子们去自己创造一些属于自己的“回忆”，体验到参与其中的乐趣所在，这也是公共空间所存在的价值体现。如让小孩将自己的手印印在由砖块围合的泥土中；让当地的人们切身体会到参与感的价值与快乐，既能促进设计者与人们的交流，知道什么是当地人们所需要的，也能加深村民的认同感。

2. 可持续性

从字面上理解，可持续性是一个可以持续很长时间的状态和过程。在美丽乡村的建设背景下做到建筑和环境的可持续性发展，可以将其理解为如何通过对现有遗存资源的再利用，如何对废弃或利用率不足的空间进行功能和空间上的重构。同时，它可以在未来的发展中继续更贴切地发挥自己的价值。西河粮油博物馆及村民活动中心是对村庄里一个废弃的粮管所进行的改造。考虑到村庄未来发展的产业，在对原始建筑单体尽可能地保留下将新的功能融入，对材料的挑选也都是就地取材，既节约了成本，也实现了材料的可持续性。

所以，从上述可以得出，可持续性大致有两个方向：一个是从材料及环境上的可持续性，另一个是从乡村未来发展角度上的可持续性。

3. 空间的丰富多样性

既满足了对文化精神的传承又满足了对功能的重构，空间的丰富多样能给人们带来更多的活力。东梓关村的村民活动中心就是在开放的空间特质下满足不同时态下的功能需求，此起彼伏的屋顶与当地村民的生活的场景，一起构成了“大屋檐下的微型小世界”。

在整体的功能分化上，一改大多数封闭公共空间的使用状态，空间流动性强，与外界关联性强，承载村民生活的多样性、丰富性和细微性。从棋牌、放映、体育活动到小铺叫卖，村民的日常生活休闲娱乐方式被分为一个个相互独立的单元场景，来往的人群可以在连通内外的空间里自由行走、逗留，阳光、气息和外部的环境在无形中就成为公共生活的背景。村里的过会、听戏、红白喜事等相对重要且人群密集的场合，则可通过合理的调整将空间再次重新组合，这样一个空间既起到多种用途，也增加了空间的使用率。

四、农村社区公共空间景观人性化设计

结合上述农村社区公共空间景观人性化设计中存在的问题，下面对基于美丽幸福村居视角下农村社区公共空间景观人性化设计对策进行具体分析。

（一）农村社区公共空间景观人性化设计原则

1. 整体性原则

整体性关注的是事物之间的结构关系，强调各个组成单元的统一而不是各个单元效用的简单叠加。农村社区公共空间是由点、线、面等不同形态的空间构成的整体，其规划设计是在遵循现有村庄肌理的基础上，注重点、线、面之间的联系，整体布局的效用大于点、线、面简单的叠加，同时还要和农村社区风貌和谐，如色彩的统一、比例的协调等。在发展层面，注重配套设施的完善、绿化景观的营造以及文化特质的体现。按照整体性原则规划建设品质空间，使农村社区形象得到提升。

2. 舒适性原则

农村社区公共空间既要满足功能需求，也要为活动的人提供一个良好舒适的空间环境。舒适的空间环境能给人带来良好的心情，还能促进人与人之间的交往。宜人的空间尺度和景观环境能给人以亲切感，削弱建筑实体围和而产生的冰冷感，在规划设计中，要关注公共空间的尺度适宜、景观界面丰富、设施设置合理等方面。

3. 地域性原则

每个农村社区都有各自的特点，农村社区公共空间应该结合社区本身的特点来进行规划设计和建设。例如，山地农村社区的公共空间建设要基地界面相融合，最大限度利用特殊的地形，突破空间使用的约束；滨水农村社区公共空间更多考虑水环境的融入，打造亲水元素，实现人与环境的和谐。地域文化也是设计的重要内容，在设计时也要注意引入相应的元素。

4. 协调共生原则

随着社会的发展，农村社区公共空间经常会出现人地关系紧张、空间布局混乱、新型广场和传统风貌不相融等现象。因此，规划设计师在设计中应协调多方面的关系，达到各元素的融合共生，并考虑社区公共空间承载的人口和设施，在不威胁生态环境的情况下，达到公共空间的建设与人口规模、设施配套、环境保护之间的协调与适应，即人与自然的协调共生。

（二）农村社区公共空间景观人性化设计建议

1. 广场景观的人性化设计

广场是农村社区居民最常见的活动场所和最重要的聚集地，不仅是农村社区民俗文化的集中体现。在进行广场景观设计时，首先要充分了解农村社区的现状及历史，把握农村社区的肌理特点与文化特色，从社区居民的生活习性及日常需求出发，以人文、生态、舒适的理念设计出富有本社区特色的人性化广场景观。

2. 运动场所的人性化设计

农村社区的运动场所往往比较欠缺，在美丽幸福村居建设背景下，农村社区的运动场所逐步得到政府及设计者的重视。在进行运动场所的设计时，除了对运动场所舒适性的景观营造，也要布置一些健身器材让村民在闲暇时进行锻炼。健身器材应设置在农村社区的广场边缘或是道路两侧的空地上，便于村民随时随地健身。选择可以遮阳的场地，方便人们锻炼和休息。健身器具应强调牢固性，避免出现尖锐的部件，保证使用者的安全。

3. 公共设施的人性化设计

公共设施的人性化设计应着眼于研究农村社区公共空间、环境、居民三者的关系，应从居民的户外活动需求出发，考虑农村社区公共空间的整体性和发展的连续性，设计布置统筹、协调、耐用、经济、美观、安全的公共设施。完善的人性化公共设施对构建和谐农村社区，增强农村社区的幸福感与归属感起到重要作用。

4. 公共绿地景观的人性化设计

农村社区公共绿地的建设应以乡土树种为主，适当引进外来树种，对乔、灌木和地被植物进行合理的搭配，依据植物的特征、色彩、形状等营造出景观植物的疏密感和层次感，打造三维立体的绿地景观，给人们带来视觉、味觉等不同的感官享受。

随着农村社区居民生活水平的不断提高，人们对社区各个层面的生活环境产生了很大的需求。他们更重视社区环境的生态化、舒适性、安全性和便捷性，以及邻里关系的和谐性。因此，在对农村社区进行公共空间景观设计时，要充分整合、利用农村社区资源，遵循“以人为本”的设计原则，建设有农村社区特色的公共空间，增强农村社区居民的满足感、安全感与归属感，这对促进和睦的邻里关系和良好的社会关系的形成起到了非常重要的作用。

第三节　传统村落公共空间的特征对美丽乡村建设的启示

传统村落公共空间既有景观功能、服务功能，又是乡村地域文化的载体，挖掘其规律与特征，对当前美丽乡村规划设计和村容风貌的提升有重要作用。在解读公共空间的概念和国内外研究综述的基础上，分析传统村落公共空间的构成要素与功能变化，以及传统公共空间的布局特点，归纳传统村落公共空间的特征对当前各地美丽乡村建设的启示，得出当前美丽乡村的规划设计不仅要遵循因地制宜、生态环保、以人为本、合理布局的原则，也要继承与运用传统公共空间的构成要素，将公共空间作为地域文化的载体采取一定的文化传承措施，以提高农村人居环境质量，发扬与继承地方传统文化，并为今后的美丽乡村建设提供参考。

公共空间的概念包含两个部分：一是指村民可以自由进出，开展人际交往、参与集体活动和村庄公共事务等社会生活的场所；二是指离开了固定场所的限制，群众中普遍存在的一些制度化组织、活动、习俗等。公共空间展现了独有的乡村社会文化特征。

早在20世纪50年代，社会学和政治学的论著就提到了“公共空间”的内容；60年代初，以刘易斯·芒福德和简·雅各布斯的相关研究为代表，“公共空间”逐步纳入城市规划和城市设计的有关领域，之后西方众多建筑学领域的学者开始将研究重心转向民间传统聚落。自90年代以来，英国的伦敦规划顾问委员会将建立公共空间系统作为一个绿色战略，并从生态、社会以及文化等多方面加以评价。

中国学者对传统村落做了比较全面的探索和研究。彭一刚分析了各地村镇聚落景观的差异；刘沛林将“意象”的概念引入聚落研究中，从主观感受研究聚落空间形象；段进对世界文化遗产宏村、西递的形成原因、结构布局和空间效果进行了全面的分析；刘传林认为古村落的传统“空间观”与当代的新农村规划建设要求相适应。戴林琳、鞠忠美、王东等研究了国内多地村庄公共空间的发展变迁，主要原因是社会经济快速发展引起的人们生活方式的变化。薛颖、周尚意、朱春雷、吴燕霞、陈芳芳等研究了乡村公共空间与乡村文化的关系，并提出了一些文化传承措施。王成等运用CSI评价法对重庆大柱新村公共空间农户满意度进行评价，有针对性地指导了公共空间重构。由此可见，国内传统村落的研究大多从村落物质空间与人文社会两个方面出发，本书的研究切入点就是传统村落物质空间的一个组成部分——“公共空间”的特征。

过去传统村落是“熟人”社会，公共空间多是在人们的生产、生活、交往中自发形成的，是当地的人文历史、生活习惯的集中体现。改革开放后，随着社会经济快速发展，农村社会改变了封闭同质的面貌，过去充满生气的传统村落公共空间日渐衰落。而自2006年新农村建设以来，规划设计大多只注重了物质生活和居住质量的提高，忽视了人们交往的空间需求，乡村公共空间不断萎缩；建筑风格也倾向于千篇一律，丧失了原本村落形态和格局的地域文化特点。当前全国正加快推进“美丽乡村”建设，对村庄建设提出了一些新的要求，比如，大力完善村庄配套设施、保护村庄特色与乡土风貌、建设生态文明、改善环境卫生、提升村容风貌等。公共空间既有景观功能、服务功能，又是乡村地域文化的载体，若进行合理的规划设计，可以很好地体现村庄特色和乡土风情，对村容风貌的提升有重要作用。

由于人们生活方式的转变，当前乡村公共空间的功能与传统村落有相似之处但也有所差异，对传统村落的构成要素和布局特点加以分析，可以挖掘传统村落形态上的规律，从中找出可供当前美丽乡村建设参考和指导的对应要点，从而创造出形态优美、功能完善、文化传承的空间形式。这不仅有利于当地传统文化的传承，也是解决目前村庄单调乏味、千村一面、同质化现象等问题的有效措施之一；是改善农村社区生活的分割性、推动农民团结合作的必要路径；同时也对建设城乡和谐社会具有重要意义。

一、传统村落公共空间的构成要素与功能变化

传统村落是指起源于特定历史时期，保存了较完整村落形态与格局的村庄，体现了地方特有的历史文化与传统民俗。传统村落的公共空间主要是自发形成的，公共建筑的布局自成体系。根据公共空间概念的两个部分，传统村落的公共空间构成要素可分为物质要素与非物质要素。物质要素是人们交往与活动的固定场所，如广场、寺庙、戏台、祠堂、水井、街巷等，这些形态丰富、类型各异的构成要素组成了公共空间的有机体系；非物质要素是传统村落由于风俗习惯而形成的一些活动形式或交往形式，如节庆祭祀的活动、红白喜事等。随着人们生活方式的改变，传统公共空间构成要素的功能发生了变化，一些已经日渐式微甚至消失，也有一些还在延续甚至得到强化。

（一）水井、大树、祠堂等功能的弱化

过去人们常在水井边和河岸边一起洗衣、洗菜、聊天，在炎热的季节里聚集

在大树下乘凉散步，但由于现在乡村基本都已通水通电，家用电器普及，水井、河边、大树下因此变得萧条。

家族制度与亲缘文化曾经广泛存在于传统村落中，以宗祠为中心的村庄布局十分普遍。但是，由于土地改革、农业合作化、人民公社化等运动的开展，家族制度和亲缘文化受到了组织结构、经济生产、舆论宣传等多方面的冲击，祠堂、宗庙等仪式性空间逐渐衰落。

（二）戏台、村口、广场街巷等功能的延续或强化

以前农村的公共娱乐活动较少，看戏是人气很高的活动，但随着电视机、计算机的普及，居民以家庭为单位的居室内部的休闲活动逐渐增加，戏台一度萧条。但近年来，全国各地大力举行“送戏下乡”“送电影下乡”等文化活动，也积极举行各种文艺演出活动，农村的戏台又热闹起来。各地兴建的农民文化大舞台正是传统戏台的新兴形式。

传统村落的村口、广场、街巷等公共空间构成要素，其基本的交往功能还在延续，尤其是由于村庄的交通越来越发达，与外界的沟通增多，村口成了人流、车流的汇集地，更发展出交通枢纽、集市等，村口公共空间的功能得到强化。

（三）民俗节庆活动、红白喜事等非物质要素的延续

民俗节庆活动、红白喜事等非物质要素依旧广泛存在于农村社会。舞龙舞狮、戏曲杂耍是农村庆祝节日的传统项目；庙会原来是依托于寺庙，集祭祀、商贸、文化等为一体的民间活动，随着时代的发展，农村庙会除了能观赏极有地方特色的文艺表演、手工绝活，更多的功能是物资交流大会。

二、传统村落公共空间的布局特点

（一）顺应自然环境的布局

中国气候条件、地形地貌各异，本着与自然和谐的理念，因地制宜地形成了各种传统村落布局形态。

位于山地的村落顺山势而建，祠堂、宗庙、广场等标志性公共建筑一般处于村落的中心位置，地势较平坦，形成核心的公共空间，其他建筑虽围绕其建设，但受地形限制，空间形态又较为自由，加上盘旋曲折的道路与起伏的台阶，十分有层次感。

水系丰富的地区，居民习惯依水而居，各种村落建筑凭水而建，小桥流水人家的景象富有诗意。沿水系两侧分布有商业用地与公共空间，居住用地在水系两岸扩展开来。妇女们在水系两侧滨水空间浣衣、洗菜、聊天，自然而然形成了日常交往的场所；紧凑的街巷、繁茂的古树，都能见到热闹的人群。安徽黄山市黟县宏村的古水系设施为人称道，村落中心是半月形的池塘——月沼，宗祠、书院、广场等公共设施环绕四周，形成了一个景观与设施结合的公共空间。

（二）以宗祠为中心的布局

过去的村落几乎处于封闭的环境，形成了家族聚居模式，整个村落只有一个或者两三个姓氏，宗法制度成为宗族自治的重要手段。村中的宗祠、宗庙象征着家族地位，是祭拜祖先、召集会议、婚丧嫁娶的场所，因此常坐落在村落的中心位置，其他建筑则围绕着宗庙、宗祠而建。例如，陕西省韩城市党家村、浙江省建德市新叶村，宗祠、宗庙前一般都有较大开敞空间，与村中的戏台、街巷等形成有序的公共空间。

（三）强调防御功能的布局

由于特殊的地理环境以及战乱等历史背景，一些村落的布局体现了安全防御的功能，形成堡寨式的聚落。山陕、粤北地区的一些规模较小的村落建设了防御用的城墙，村落内部路网规划十分规整，祠堂一般位于中心位置，起到交通枢纽的作用。广东韶关市仁化县城口镇恩村在村庄南侧建有瓮城，有外敌入侵时，村民可以迅速进入城寨避险，寨内建有房屋，挖有水井，储存了食物，还可通过隐蔽的暗道与外界联系。

三、传统古村落公共空间特征对美丽乡村建设的启示

（一）因地制宜，生态环保

传统村落的布局注重与自然环境相和谐，源于古人“天人合一”的世界观及风水理念，尽管有封建迷信的成分，但不能否认，顺应自然的观念对如今的乡村建设有着积极的意义。美丽乡村公共空间的设计应首先考虑与当地自然环境相适宜，尽量少地破坏周边景观。可依托现有的地形地貌进行规划，通过水系、山体、树木等打造多层次的景观，对公共空间进行适宜规模的地面硬化，设置健身、休憩设施，培植合理的植物。建筑设计不求标新立异，只求风格自然、舒适质朴，多采用环保材料，充分运用各种生态环境保护措施，如生活垃圾分类处理、雨污分流系统、人工湿地污水处理系统等，做到对周边环境最低干扰。

（二）以人为本，合理布局

传统村落公共空间的形成，顺应了人们生产、生活、交往的需要，无论是以宗祠为中心的布局还是强调防御功能的布局，都满足了当时人们主观与客观的需求。当今人们生活方式的转变，使过去传统的公共空间，如水井、古树、宗祠等逐渐少人问津。这就要求公共空间的布局要以人为本，考虑人的使用体验。

公共空间的选址要注重村庄交通的便捷性，人们活动时经过该地的概率较高，哪怕是一块道路转角的绿地，经过简单的设计改造，也会成为父母带孩童玩耍的小乐园；村委会、社区服务中心作为政治活动空间，替代了传统村落宗庙、宗祠的作用，是新的具有高度凝聚力的公共空间，在规划时设置一定的公共活动区域，如广场，再结合一些健身活动设施、购物场所等，对人群有很强的集聚效应；风景优美的自然风光对人群有天然的吸引力，对村庄已有的水系、林木等景观进行整治、改造，突出乡土特色，设置一些步道、小广场、健身设施等，为人们提供一个休闲健身的好去处。

公共空间的设计要避免过大的尺度，使处在其中的人们感到舒适与安全。传

统村落受限于地理环境、历史背景等因素，村庄布局一般尺度较小，窄窄的街巷、小巧的活动空间、咫尺的活动人群，令人感到温馨和亲切。在当今的村庄公共空间设计上，很多地方一味地追求大面积，特别在设计村庄中心广场时，进行大范围的硬质铺地，不仅造成土地的浪费，而且由于空间太大，不能给人亲切感，反而无法吸引人群。

（三）继承与运用传统公共空间构成要素

传统公共空间的构成要素随着时代的变迁功能发生了变化，但对它们进行合理运用可以丰富村庄的景观和村民的生活。水井、古树、祠堂等公共空间要素由于已经不适用于群众现在的生活方式，很多被破坏或拆除。但它们承载了时代的记忆，有历史和艺术价值，应该进行合理的修缮与保护，并将这些要素作为文化标志物融入现在的公共空间中。例如，用以群众集会、节日联欢等公共活动的村庄广场，规划设计时要融入当地的乡土特色，与古树、戏台等元素结合，布置一些体现地域文化特色的建筑小品，既可以满足人们游憩的需求，增加生活的乐趣；也可以展现村落的艺术风貌，丰富社区景观，加强村民的归属感。

对于有地域文化特色的非物质要素，如民间传统艺术、民俗节庆活动，可通过雕塑、壁画、宣传栏等方式融入生活环境中，潜移默化地推广和宣传；也可改造发展成为观赏性的节庆活动，并且重视传统手工艺人的培养，从社会层面保护和研究非物质文化。

（四）传承地域文化

公共空间是地域文化的载体，如何做到公共空间的文化传承，需要政府、社会多种措施的保障。首先，应积极引导建设公共空间，将文化传承的意识融入美丽乡村规划和建设的全过程，对传统建筑、设施进行保护性修复，打造有特色、有地域文化气息的美丽乡村；其次，通过多种途径加强相关知识的宣传教育，增强村民对公共设施和优秀传统文化的保护意识；最后，加强民俗活动的组织与发展，成立民俗协会、文化协会等，鼓励民间沟通，以乡村旅游为载体开展民俗节庆活动，使传统民俗文化在公共空间的承载下延续发展。

传统村落的公共空间布局以及构成要素表现出的生态性、系统性，不仅反映了历史文化特色，也反映了文化与自然的内在关系。延续传统村落公共空间及其构成要素的文脉特征，以此指导美丽乡村建设中的公共空间规划，有利于建设形态优美、功能完善、文化传承的公共空间。美丽乡村公共空间的规划应本着集约节约、以人为本的原则，顺应周边环境进行规划建设，合理利用空间，多采用环保材料，避免资源浪费；充分考虑居民生产生活的需求，迎合当今人们的生活习惯，设计尺度宜人、功能合理的公共空间；展现地域文化特色，继承传统公共空间的构成要素，丰富人民的精神文化生活，在政府、社会和居民的共同努力下，承担文化传承的重任。

第四节　城中村公共空间景观规划设计策略

城中村是在我国城乡二元体制的特殊国情下，伴随着快速城市化而出现的一种特殊现象。城市化的快速发展，一方面使城市占用大量的郊区农业用地，农村社区进入城市的管辖，转变为城市社区；另一方面，由于把村民与土地联系在一起，难以分化的利益共同体存在于现代社会中，很多处于都市中心的村庄未能成功地转型为城市社区。城中村景观的营造重点在于地域特色的建立与居民游憩机会的共享，同时为人居环境的改善和空间质量的提升与当地经济发展和复兴提供优质场所。

一、城乡景观一体化要求下的公共空间景观建设原则

（一）公平化

公平化立足于景观与城中村居民的关系。“公平化”是中国特色新型城乡景

观的最大亮点与优势，其主要倾向于“公民景观”的营造。“公民景观”一词源于“公民建筑”。“公民建筑”是指那些关心民生，如居住、社区、环境、公共空间等问题，在设计中体现公共利益，倾注人文关怀，并积极为现时代状况探索高质量文化表现的建筑作品。因此，人文景观到公民景观的转变，主要立足于对公民需求和愿景的实现、与公民权利义务的对话、对社会资源的公平分配、公民反馈机制生成等方面，实现“从公民出发、公民参与、成果为公民”，使景观社会效益最大化。

公民需求和愿景的实现主要是指因景观服务对象的不同导致景观营造的要求也不同。走访民众，从当地民众的现实问题出发，提供多样的规划设计思路供其选择，使营造满足居民总体需求，即“从公民出发”；与公民权利义务的对话主要是环境中居民不仅拥有生产生活环境质量提高的权利，还有为实现环境优美、经济发展贡献自己力量的义务，即“公民参与”；对社会资源的公平分配主要体现在公共交流游憩的空间营造、对弱势群体的关注等方面，即“成果为公民”；公民反馈机制主要是对建成景观进行评价和改良，是“公民后期参与”的重要一环。公平化最核心的评价标准是公益性而非营利性，是大众化而非特权化。

（二）生态化

生态化立足于景观与自然的关系。面临城镇化过程中复杂的生态背景，环境污染、生态破坏、交通拥挤各种矛盾越来越突出，快速城市化与机动车化并存，城市建设对城市问题的应急能力减弱。新时代的生态景观是为了满足当代人乃至后代人各类需求的可持续景观，营造的生物链和生态循环应该坚固不易破碎，而且可以为不同的生物（包括人）提供适合的生产生活环境，后代仍可以在此基础上发展新事业，城中村生态景观是新型城镇化背景下城乡景观可持续演进的重要一环。

营造空间，让自然做工。生态化主要体现在景观要素的生态，景观结构与格局的自然模拟；生态修复，如生境恢复、廊道恢复；自然过程的利用，如水力、重力、风力让自然发挥主观能动性；景观新领域的开拓发展，如垂直与屋顶绿化、雨污收集再利用等促进景观生态化发展。生态化与集约化和技术化密切相关。

（三）集约化

集约化立足于景观与资源的关系。快速城镇化过程中面临着严重的资源短缺问题，就全国人均水平分析，水资源面临着资源型和水质型缺水危机，又因时空分布不均导致水资源短缺成为城镇发展的刚性约束。国家提出了 18 亿亩耕地红线不能被破坏，土地资源总量有限，而可用于城镇发展的土地资源更为匮乏。“集约型景观”是指在景观寿命周期（规划、设计、施工、运行、拆除、再利用）内，通过减少资源和能源的消耗，减少废弃物的产生，最大限度地改善生态环境，最终实现与自然共生的景观。

面对当代严峻的资源危机，新型城镇化背景下的城中村景观应该做出正确的回应，充分利用自然资源、人力资源、智库资源。充分利用本地景观材料、旧房旧设施再利用、中水回收、雨水利用、沼气利用、工业废料等废弃物资源，通过科技手段提高资源利用率，作为新型景观材料应用到设计中；发挥科研和高校资源优势，提高本地资源和智库的有效利用率，促进资源的节约，减少能源消耗。

（四）智慧化

智慧化立足于景观与技术的关系。新型城镇化建设过程中，智慧城市是提高人民生活水平、促进经济健康发展、建设创新型国家的重要抓手，而智慧景观则是智慧城市的重要方面。智慧景观主要体现在以景观品质人本化为前提的设计过程数字化、景观技术参数化、景观服务智能化等方面。

景观品质人本化即注重景观在实用、安全和舒适方面的以人为本的要求，是景观任一功能的前提。设计过程数字化即景观在规划设计过程中运用当代先进技术，认真分析基地条件，充分表现景观资源及设计理念，如 RS 技术在景观格局、功能、动态、尺度等方面的研究和 GIS 技术在辅助景观分类等；景观技术参数化的前提是景观营造的科学化与生态化，重点是景观施工的新技术、新方法，通过督促相关部门制定参数化规范，促进技术化标准的规定与统一，完善当前景观生态营造技术。

（五）美学化

美学化立足于景观与艺术的关系。自景观产生伊始，其就与艺术产生了密切的联系，不管是东方的古典园林还是西方的规整花园，不管是托马斯·丘奇的加州花园还是俞孔坚的中山岐江公园，文化背景和美学观点可能不同，但是景观与艺术的联系千丝万缕。

在新型城镇化过程中，随着生态文明的出现，自然与城市的共生理念深入人心，模仿自然群落进行的设计因有较好的生态服务功能和崭新的美学观点受到设计师和群众的喜爱。景观设计经历了原始时代、农业文明、工业文明，现在到达了后工业文明和生态文明时代，出现了一种全新的美学观，即整体的系统美学观，公平、生态、智慧、节约、地域、历史综合一体的美学观。生态文明主导下的城中村公共空间景观发展趋势是“野草之美”，新时代美学观的实现要多个层面共同努力。

（六）时空化

时空化立足于景观与地域历史的关系。新型城镇化规划文件中明确指出要建设人文城市的思路，文化与自然遗产的保护成为重中之重。“让居民望得见山、看得见水、记得住乡愁”，在新型城镇化过程中妥善安置乡愁，延续历史文脉和地域场所精神，是人文城镇建设的表现形式。人文景观营造是景观地区自然景观与人文景观的有机联系，是区域自然地理环境、经济发展水平、历史文化传统和社会心理构成的四维时空组合。

城中村公共空间景观营造不应仅仅注意生态环境的保护、实用功能的满足，在提高生态效益的同时，也要满足基地的景观效益和社会效益。对于具有历史文脉的场地和各类人文景观，景观要素的营造应着重对本地历史文化价值的传承，既包括对历史的直接继承，也包括对场地历史记忆的挖掘和捕捉。人文景观主要体现在美学、历史与地域等方面，在景观营造中，我们营造的重点是延续并发展历史文脉，使本土文化、地域特点和现代功能和谐共生，营造具有地域性和时代性的独特景观。

二、推行新型城镇化城中村公共空间景观营造的策略

（一）“城乡一体、质量平衡”的统筹共生策略

城乡一体、质量平衡是面对目前复杂的生态背景和城乡景观粗放无序等问题在宏观上提出的指导策略。景观营造重点是加强城乡景观一体化的同时发展区别化、数量普及的同时注重景观质量的发展策略。景观品质的提升不仅可以优化居民的生产生活环境，而且可以促进当地经济的发展与国家设计水平的提高。人工景观自然化、自然景观生态化、设计细节精细化、景观功能多元化是城乡景观营造一体化的总体思路。

公平共享、六元合一是在营造景观过程中的微观指导策略。营造重点是在尊重历史文化下的以人为本的公平共享和多元发展的智慧生态，从而引导新的美学观。城乡规划应该体现“三尊重”原则：尊重地方文化；尊重自然；尊重普通人的需求。在景观营造的过程中，注重设计过程公平参与、设计结果倾注人文关怀，集约利用各类资源，推广生态低碳的景观营造技术，通过宣传教育提高民众对自然美学的接受程度以及对文化遗产遗存的保护与爱护。

目前国外出现了很多体现人文关怀的景观作品，如伊丽莎白和诺那·埃文斯疗养花园的疗养景观，花园中每种植物都是一位疗养师；中国城镇化阶段面临着老龄化问题，通过对老年的关注，营造适合他们居住休憩的老龄化景观也是未来的趋势；农村中到底需要怎样的交流场所，是大广场抑或只是村口的一棵大树，是人为营造的还是村民长久留存的，新营造的景观要如何体现村民的大众化审美，如何吸引不同年龄层的人群是农村景观营造的关键。

（二）“经济发展、乡土自然”的农村景观首位策略

农村景观的营造主体是农民的生产生活环境。而在促进经济发展的同时又能注重乡土自然景观的保护与生态景观营造是重中之重。农村景观得以维持的基础资源主要有农民、村庄建筑、村落布局、周边自然格局四方面。乡村长时间的发展过程证明了其自然格局的安全性，各类规划建设都应尊重自然格局，建设过程中切忌“推倒重来”的错误思想；切忌景观社区化的设计思想，推行“逆向整治，推进城乡景观差别化”；顺应村落格局形成的长时间的历史过程，把农村景观营造的重点放在基础设施的优化上而不是贸然决定村落布局的未来发展；通过“农家乐”等现代农业和乡村旅游等方式促进经济发展；通过新建和推广生态基础设施如“三格式化粪池”“自流式小型污水处理池”“人工小湿地”等适用技术和分散式废物利用技术等，建设绿色智慧的社会主义新农村。

三、生态主导的灵剑溪流域公共空间景观营造策略

漓江是桂林山水之魂，灵剑溪为漓江二级支流，处于漓江生态保护范围之内。灵剑溪流域为过渡阶段城中村的典型代表，有着城市化的住宅和农田，经济构成多样，自然环境优良，但目前有学者指出，灵剑溪河水水质达劣Ⅴ类水质，对漓江污染贡献较大，会造成土壤和地下水污染，影响各类作物生长进而危害居民健康，灵剑溪水体治理和水土保育势在必行，流域内多元化景观营造既为居民提供一个优良的游憩休闲场所，也为游客体验城市农业提供一个良好的空间。

（一）灵剑溪景观营造的公平化

灵剑溪居民要表达对自己的乡土生活环境改造和设计意愿的发言权，而低强度开发和生产性农业景观——都市农业的引入可以在对生态影响最小化的情况下为居民经济与环境利益提供发展机遇，在此过程中加强与当地智库的规划设计管理与施工方面的咨询或建设联系，相关管理人员应注意居民培训和教育的推广，规划确保既要尊重当地的自然系统和历史文化资源，确定地域性和文化艺术性，又要满足当地居民的需求，把“千村一面”和“一方敲定”扼杀在摇篮里。

（二）灵剑溪景观营造的生态化、智慧化与集约化

灵剑溪水体的点源污染体现在部分居民区的市政污水管道系统季节性或全年性地直接倾倒废水和废弃物入溪，应从灵剑溪的社区管理入手，设置专门制度，加大对直接倾倒入溪的惩罚力度，积极联合如市政、园林、环保部门落实对该制度的实施，督促相关规范的颁布。

灵剑溪水体非点源污染是农业、居民区、城市道路等多方面共同作用的。应正确处理多样化的土地利用方式，增强村民的科学生产意识和公共环保意识，普及生态耕作知识，有关部门应该规范和取缔既不利于作物吸收养分又破坏居民与游客的旅游景观体验的人畜粪便的直接倾倒和厕所遍地现象，对粪便进行无害化处理、回收利用转成有机肥，既可保持环境卫生，又有利于生态保护和人民健康；应提高村民对化肥农药使用后果的认知和替代性的生产方式的推广，指导居民树立正确的生活与生产方式，为和谐环境的形成奠定一个良好的生态基础。

灵剑溪整治过程中第一步是通过物理手段清理河道，进一步利用本地植物营造植物生态群落，沉淀、滞纳并吸收水中污染物；尊重水的自然循环过程，通过水力循环和重力作用来促进灵剑溪水循环，从而达到保护水质的作用；在灵剑溪流域范围内把已经污染的蓄水池转化成雨水蓄水池和自然沉降池，通过设置雨水花园等形式优化蓄水池生态功能，如在生境恢复中运用基底改良技术（生态清淤技术、深槽—浅滩序列技术）、驳岸改造技术等，通过模仿自然环境中植物或景观群落的科学性进行设计。

（三）灵剑溪景观营造的美学化与时空化

灵剑溪景观营造不提倡对现存老房及废弃的水利设施一一拆除，乡土景观是散落的、自然的、如土地里生长出来的一般。可对旧址进行加固或修缮，在确保旧址安全稳固的前提下，形成自然散落的景观节点。可通过生态基础设施把灵剑溪水体、现存水塘、废弃水利设施等规划成线性景观廊道，串联农田基底和人居斑块，保护传统的乡风和景观韵味，同时保存当地居民长久以来的生活方式，他

们可以利用发展起来的景观资源致富。

灵剑溪流域的城中村公共空间景观的营造重点在于生态环境的修复与优化以及地域特色的彰显。城中村景观的合理营造策略对城乡景观一体化发展意义明显，并有利于推动居民生活方式的改变，使人居环境趋向优质，最终有利于城乡生态安全和当地经济发展。

第七章　乡村人居环境治理研究

农村环境治理是社会主义新农村建设的核心内容之一，它和中国千家万户农民群众的生活质量息息相关，也是缩小城乡差别、促进农村全面发展的必由之路。加强农村环境治理工作，有利于提升农村人居环境质量，有利于改善农村生产条件，有利于激发农村经济活力，有利于提高农村社会文明程度，有利于保证农村经济、社会稳定和谐发展。因此，农村环境治理工作具有非常重要的现实意义，治理工作的好坏将直接影响新农村建设的成败。

第一节　乡村生活环境治理

一、生活污水的收集与处理

随着我国经济的快速增长、城市化进程的加快、农村生活水平的不断提高以及农村畜禽养殖、水产养殖和农副产品加工等产业的快速发展，村镇的生活污水产生量与日俱增。而这些污水大部分未经任何处理就近直接排放到河道、湖泊，使得水体污染越来越严重，民众要求对此加强控制与治理的呼声越来越高。在此背景下，我国“十一五”规划中提出了建设社会主义新农村的重大历史任务，并明确了“生产发展、生活宽裕、乡风文明、村容整洁、管理民主”的建设目标。而加强农村生活污水的处理，是村容整治的组成部分，同时也是社会主义新农村建设的重要内容和农村人居环境改善需要迫切解决的问题。

我国村镇地域广且分布分散，社会组织结构、经济发展状况、生活水平、生活习惯等千差万别，这不仅决定了村镇生活污水的来源、水质、水量的多样性，而且增加了其处理工艺选择、工程建设与投资、运行管理模式等方面的复杂性。因此，如何控制与治理我国农村生活污水，是一个需要不断进行理论探讨与实践探索的过程。

（一）农村生活污水的特点和综合处理的必要性

1. 农村生活污水的特点

（1）水质特点

农村生活污水的来源主要有厨房洗涤污水、洗衣污水、洗浴污水、冲洗卫生间的粪便污水等。调查中发现，在各类生活用水中，洗衣用水量最大，一般约占各户总用水量的 60%；在人口较少的家庭，则以厨房用水为主。另外，农户卫生间中的浴缸使用频率不高。农户洗澡的污水普遍直接排到地下污水管中。农村生活污水主要有以下特点：①分布广泛且分散，污水处理率低；②浓度低、水质波动大，但水质相差不大，水中基本上不含有重金属和有毒有害物质，含有一定量的氮、磷，其可生化性强；③厕所和畜禽养殖排放的污水水质较差。农村生活污水含有机物质、氮磷营养物质、悬浮物及病菌等污染成分，各污染物排放浓度一般为 COD 为 250~400 mg/L、氨氮为 40~60 mg/L、总磷为 2.5~5 mg/L。

（2）水量特征

农村人口居住分散，供水量相对较少，因此产生的生活污水量也较少。但随着农村生活水平的提高及生活方式的改变，生活污水的产生量增加。由于居民生活规律相近，导致农村生活污水排放量早晚比白天大，夜间排水量小，甚至可能断流，水量日变化系数和季节性变化系数大。

2. 综合处理的必要性

近年来，随着国家经济的迅速发展、人民生活水平的不断提高，农村地区用水量也日益加大，生活污水排放量也越来越大。但由于广大农村地区缺乏足够的资金和专业的污水处理技术等原因，90% 以上的生活污水未经任何处理，直接就近排入江河湖泊。污水中含有大量的有机物和氮、磷元素，使得河流湖泊的环境容量和生态承载能力不堪重负，生态系统受到严重破坏，水污染问题日益加剧，由此引发大范围的蓝藻水华现象，造成水质恶化，严重影响了农村地区的生态环境，并对人们的身体健康构成了极大的危害。据相关数据统计，全国七大江河水系中Ⅴ类水质占 41%，有 80% 的河流受到不同程度的污染；农村有近 7 亿人的饮用水中大肠杆菌超标，约有 1.9 亿人的饮用水中有害物质含量超标；我国 88% 的患病人群、33% 的死亡人群均与生活用水不洁直接相关。因此，重视与加强农村地区的水污染治理工作，防止对农村及周边地区的水体、土地等自然环境造成污染，是改善和提高当前农村人居环境工作中最重要的内容之一。

（二）农村生活污水的处理原则和排放标准

1. 农村生活污水的处理原则

农村污水处理技术必须具有实用性强、效果好、成本低、维护管理方便等特点。根据村庄所处区位、人口规模、集聚程度、地形地貌、排水特点及排放要求、经济承受能力等具体情况，采用适宜的污水处理模式和处理技术。

（1）城乡统筹

靠近城镇区且满足市政排水管要求的村子，宜就近接入市政排水管网，将村庄生活污水纳入城镇生活污水收集处理系统。

（2）因地制宜

对人口规模较大、集聚程度较高、经济条件较好、有非农产业基础、处于水源保护区内的村庄，宜通过铺设污水管道收集生活污水并采用生态处理、常规生物处理等无动力或微动力生活污水处理技术集中处理后排放。对人口规模较小、居住较为分散、地形地貌复杂以及尾水主要用于施肥灌溉等农业用途的村庄，宜通过分散收集单户或多户农户生活污水，采用简单的生态处理后排放。

（3）资源利用

充分利用村庄地形地势、可利用的水塘及废弃洼地，提倡采用生物生态组合处理技术实现污染物的生物降解和氮、磷的生态去除，以降低污水处理能耗，节约建设和运行成本。结合当地农业生产，加强生活污水的源头削减和尾水的回收利用。

（4）经济适用

优先选用工程造价低、运行费用少、低能耗或无能耗、操作管理简单、维护方便且出水质稳定可靠的生活污水处理工艺。

2. 农村生活污水排放标准

污水的最终去向是制定农村生活污水处理标准的一个重要依据。污水资源化应是农村生活污水治理的方向。根据污水处理后不同的去向执行不同的排放标准，污水处理后排入地表水体时，污水排放应按《城镇污水处理厂污染物排放标准》（GB 18918—2002）中一级 B 标准执行；用于农业灌溉时，应按《农田灌溉水质标准》（GB 5084—2005）执行；用于渔业用水时，应按《渔业水质标准》（GB 11607—1989）执行；做其他用途时，应符合相关标准。

（三）农村生活污水收集与处理体系建设

1. 农村生活污水收集方法

与城市相比，农村具有人口密度低、分布分散，生活污水排放面广，污水日变化系数大等特点，因此，不宜采用城市污水集中收集模式，必须根据农村实际情况，采用适合农村特点的收集方式。我国农村现有的生活污水收集方式可分为三类：市政统一收集模式、镇村集中收集模式、住户分散收集模式。

2. 农村生活污水处理体系建设

农村生活污水的收集与排放是实施污水处理的基础性工作，村庄排水体制的选择和排水管网的建设质量直接影响着生活污水收集率和处理设施的运行效果。

（1）排水体制的选择

村庄排水体制的选择应结合当地经济发展条件、自然地理条件、居民生活习惯、原有排水设施以及污水处理和利用等因素综合考虑确定。新建村庄、经济条件较好的村庄，宜选择建设有污水排水系统的不完全分流制或有雨水、污水排水系统的完全分流制。经济条件一般且已经采用合流制的村庄，在建设污水处理设施前应将排水系统改造成截流式合流制或分流制，远期应改造为分流制。

①完全分流制具有污水和雨水两套排水系统，污水排至污水处理设施进行处理，雨水通过独立的排水管渠排入水体。

②不完全分流制则只有污水系统而没有完整的雨水系统。污水经污水管道进入污水处理设施进行处理；雨水自然排放。

③截流式合流制是在污水进入处理设施前的主干管上设置截流井或其他截流措施。晴天和下雨初期的雨污混合水输送到污水处理设施，经处理后排入水体；随着雨量增加，混合污水超过截流干管的输水能力后，截流井截流部分雨污混合水直接排入水体。

（2）排水管网

①雨水管道

雨水应就近排入水体，选择沟渠排放时宜采用暗沟形式，断面一般采用梯形或矩形，排水沟渠的纵坡不应小于 0.3%，沟渠的底部宽度一般在 200~300 mm，深度一般在 250~400 mm。

选择管道排放时雨水管宜根据地形沿道路铺设，行车道下覆土不应小于 0.7 m。雨水管道管径一般为 300~400 mm，管道坡道不应小于 0.3%，每隔 20~30 m 应设置雨水检查井。雨水检查井宜选用 600 × 600~800 × 800 方井或直径 700 的圆井，雨水检查井距离建筑外墙宜大于 2.5 m，距离树木中心大于 1.5 m。

②污水管道

污水管道管径一般为 150~300 mm，每隔 30~40 m 应设置污水检查井，污水检查井宜选用 600 × 600 方井或直径 700 的圆井，其他要求同雨水管道设计要求。生活污水接户管应接纳厨房污水和卫生间的冲厕、洗涤污水。生活污水接户管埋深不宜小于 0.7 m ：卫生间冲厕排水管径不宜小于 100 mm，坡度宜取 0.7%~1.0% ；

生活洗涤水排放管管径不宜小于 50 mm，坡度不宜小于 2.5%；厨房污水宜接入化粪池，并设存水弯，以防止气味溢出。

（四）农村生活污水处理技术

1. 技术选择原则

针对村镇污水分散、量小、变化量大的特点，在选择处理技术时应充分考虑以下几个方面：处理工艺运行稳定，能够使污水稳定达标排放，出水可实现直接回用于生活用水或景观、灌溉用水。技术的一次性投资建设费用相对较低，应在镇、乡、村的现有财政能力可承受范围之内。运行费用少，不使用化学药剂，电耗低。设备的运行费用必须与村镇地区居民的承受能力匹配，在对当地村镇技术员进行培训后能使之正常运营和维护。应结合当地的自然地理条件，如利用当地废塘、涂滩、废弃的土地，同时注意节省占地面积，特别是不占用良田。运行和管理较简单，设备对用户的操作水平要求不高，因此，要求设备具有较高的自动控制水平，依托农村地区薄弱的技术和管理能力便能够进行处理设施的管理维护工作。

2. 技术方法

目前，我国的农村生活污水处理技术种类很多，按其原理可分为三类：生物处理技术、生态处理技术和物化处理技术。

（1）生物处理技术

①好氧生物处理技术

根据污泥的状态，好氧生物处理技术可分为活性污泥法和生物膜法两大类。其中活性污泥法的运行成本较高，还存在污泥膨胀问题，因此，不适合在农村地区使用。相比较而言，生物膜法更易于维护管理，且无污泥膨胀问题，可在用地受限时考虑采用，具体包括以下几种方法：

生物接触氧化法：生物接触氧化法是在生物滤池的基础上，通过接触曝气形式改良而演变出的一种生物膜处理技术。生物接触氧化池操作管理方便，比较适合农村地区使用。

好氧生物滤池：一般以碎石或塑料制品为滤料，将污水均匀地喷洒到滤床表面，并在滤料表面形成生物膜。污水流经生物膜后，污染物被吸附吸收。好氧生物滤池可分为普通生物滤池、高负荷生物滤池和塔式生物滤池三类。其中，塔式生物滤池处理效率高、占地面积小，且可通过自然通风供氧节省能耗，因此，更适用于处理农村生活污水。塔式生物滤池由顶部布水，污水沿塔自上而下流动，在自然供氧的情况下，使好氧微生物在滤料表面形成生物膜，去除污水中呈悬浮、胶体和溶解状态的污染物质。

蚯蚓生物滤池：鲁蚯蚓生物滤池根据蚯蚓具有提高土壤通气透水性能和促进有机物质的分解转化等功能设计，是一种既可高效、低耗去除污水中的污染物质，又可大幅度地降低污泥产率的污水处理技术。

②厌氧生物处理技术

厌氧生物处理技术无须曝气充氧，产泥量少，是一种低成本、易管理的污水处理技术，能够满足农村生活污水处理的技术要求。

污水净化沼气池：由沼气池和厌氧生物滤池串联而成，可几户合建或单户修建，布置灵活，在我国四川、江苏、浙江等省农村地区均有应用。

厌氧生物滤池：其构造类似好氧生物接触氧化池，不同之处在于池顶密封，其工程投资、运行费用低，对维护人员的要求不高，目前已在我国农村应用。

复合厌氧处理技术：复合厌氧处理技术是厌氧活性法和厌氧生物膜法相结合的处理方法。上海市政工程设计研究总院自主开发的复合厌氧反应器由轻质滤料层、悬浮厌氧污泥床等组成，经厌氧活性污泥和生物膜的双重协同作用，污染物去除效率极大提高。此外，通过在反应器中设置特殊轻质滤料层，可以有效防止污泥流失，提高反应器的容积负荷和处理效果。

（2）生态处理技术

①人工湿地

人工湿地处理系统源于对自然湿地的模拟，主要利用自然生态系统中植物、基质和微生物三者的协同作用实现水质的净化。人工湿地主体由土壤和按一定级别充填的填料等组成，并在床表面种植水生植物而构成一个独特的生态系统。人工湿地处理系统净化效果好、工艺设备简单、维护管理方便、运行费用低、生态环境效益显著，但进水负荷要求较低、占地面积较大，因此，适用于远离城市污水管网、资金少、技术人才缺乏、有土地可资利用的中小城镇和农村地区。

②土地处理

土地处理技术是在人工调控下利用土壤—植物—微生物复合生态系统，通过一系列物理、化学、生物作用，使污水得到净化并可实现水分和污水中营养物质回收利用的一种处理方法。根据水流运动的流速和流动轨迹的不同，土地处理系统可分为四种类型：慢速渗滤系统、快速渗滤系统、地表漫流系统和地下渗滤系统（毛细管土地渗滤处理技术）。

③稳定塘

稳定塘是经过人工适当修整后设围堤和防渗层的污水池塘，其净化原理类似自然水体的自净机理，通过微生物（细菌、真菌、藻类、原生动物等）的代谢活动以及相伴的物理、化学、物化过程，使污水中污染物进行多级转换、降解和去除。稳定塘建造投资少、运行维护成本低、无须污泥处理，但负荷低、占地大、受气候影响大、处理效果不稳定。为进一步强化处理效果，国内外相继推出了许多新型塘和组合塘，如装有连续搅拌装置的高效藻类塘、利用水生维管束植物提高处理效率的水生植物塘、多个好氧和厌氧稳定塘相连的多级串联塘以及高级综合塘等。

（3）物化处理技术

污水的物化处理方法主要包括混凝、气浮、吸附、离子交换、电渗析、反渗透和超滤等。在各种物化处理技术中，仅混凝技术相对符合农村要求，其最大优点是能够根据污水中污染物的性质，选取合适的絮凝剂，保证污染物质的高效去除。混凝技术对悬浮物、金属离子、胶体物质和无机磷去除效果好，但对有机物和氮的去除能力相对较弱，且运行过程中需要连续投加药剂，故运行成本较高。在我国农村地区，混凝技术主要用作生态处理系统的前处理措施或化学除磷，如上海市崇明县前卫村在人工湿地之前采用混凝强化处理技术，以降低人工湿地处理负荷和保证处理效果。

二、农村垃圾的收集与处理

我国农村生活固体垃圾的排放量不断增长，主要构成成分也逐渐复杂化，导致农村固体生活垃圾的治理难度不断加大。为了提高我国农村地区生活固体垃圾的治理水平，首先，要设立乡镇级环境管理机构，完善法规制度，加大政府投资力度：其次，要建立健全村级保洁制度，发动群众参与，并引入市场运作机制；最后，还需要实行源头分类收集。

（一）农村垃圾的特征和处理的必要性

1. 农村垃圾的特征

随着我国农村经济与农民收入水平的快速提高，农村固体生活垃圾的产生与排放的数量快速增加，已经严重影响了农村环境、农民健康和农业可持续发展，成为我国建设社会主义新农村必须面对和尽快解决的问题。归结起来，我国农村生活固体垃圾的排放具有以下几方面的特征：从生活固体垃圾的排放量来看，农村生活垃圾的数量与日俱增且呈现逐年上涨趋势；从排放的生活固体垃圾的构成来看，我国农村生活垃圾排放呈现复杂化与高污染化的特征；从生活固体垃圾处理状况看，由于村落布局不合理、垃圾处理设施不完善、村民环保意识差等原因，导致农村生活固体垃圾处理率低、排放无序。

2. 农村垃圾处理的必要性

近年来，我国经济一直保持着较快的增速，而城乡之间的差距也在逐渐拉大。经济上的落差正随着政府积极政策的推进有所改善，然而，由于城乡公共服务的不同，农村的垃圾处理建设长期以来落后于城市，而且存在差距越来越大的倾向。因此，加强农村垃圾处理是缩小城乡差距的需要。此外，加强农村垃圾处理是改善农村人居环境的需要，是提高农村人民生活质量的需要，是促进农村经济可持续发展的需要，是维护农村生态系统平衡的需要。

目前缺乏关于农村生活固体垃圾的统计数据，很多研究都是基于研究者自己的实地调研而估计的。尽管如此，从已有文献中还是不难发现农村生活固体垃圾的数量在不断增长，人均排放量逐渐接近城镇的水平。因此，农村垃圾处理不仅仅是全社会必须正视并重视的一个问题，同时也是建设和谐美好农村必须解决的问题。

（二）农村生活垃圾收集处理的原则与要求

1. 加强源头分类

对于距离垃圾收集点较近的住户，鼓励他们自觉地将自家产生的垃圾进行简易分类并投放到指定收集点。对于距离较远的住户，应先将自家产生的垃圾进行简易分类，同时在每家或几家住户门前设立小型垃圾箱，由拖拉机、三轮车等源头收集车辆统一收集并运送到每村的垃圾收集点。将垃圾收集点设在敏感目标缓冲区外，从而将环境污染降到最低。垃圾收集备选点应定在交通条件较好、有利于垃圾收集车进入的道路上。考虑经济、人口、社会等多方面因素对备选点进行灵活调整，以适应不同地区的特殊情况。

对于有垃圾压缩车的地区可采用与其配套的可移动式大型垃圾箱作为垃圾收集点容器，条件较差的地区可采用防渗式露天垃圾池，同时应结合地域气候差异设计不同的垃圾收集点，如常年大风地区应对垃圾收集点进行防风处理，防止垃圾污染周边环境；多雨地区应加固防渗措施，防止污染地下水及土壤。实践表明，建立收集转运设施的农村，生活垃圾所带来的污染问题基本能得到很好的解决，同时收运过程中产生的噪声、臭气、压滤液对当地环境影响较小。因此，在农村地区建立完整的垃圾收集转运处理模式对垃圾的收集处理起到非常重要的作用，可以把生活垃圾对环境的影响减到最小。建议在每一个自然农村、村屯都建立垃圾收集站，采用直接转运模式或一级转运收运模式。

2. 因地制宜地开展

农村生活垃圾污染防治应立足于农村实际，充分考虑不同地区的农村社会经济发展水平、自然条件及环境承载力等差异，遵循城乡统筹、因地制宜的原则，统筹城乡生活垃圾污染防治基础设施建设，实现农村生活垃圾污染处理及资源化基础设施城乡共建共享、村村共建共享，以推动农村生活垃圾污染防治工作。

3. 加大资金和基础设施投入

（1）设立生活垃圾治理的专项资金

农村生活垃圾处理与管理是一项耗资巨大的工程，各级政府须加强对农村生活垃圾处理的资金投入，逐步规范村、乡（镇）、县（市）三级投入和补助标准，做到生活垃圾处理费用专款专用。由农村基层行政部门领导居民共同设立专项资金，居民按照“谁污染谁收费”原则来承担生活垃圾处理责任，一方面可以减少居民生活垃圾的产生量；另一方面也为生活垃圾治理提供了资金保障。

（2）加强农村生活垃圾处理基础设施建设

积极探索适合不同区域特征的城乡统筹环境基础设施建设的道路，提高农村环保技术装备水平。在城乡接合部和近郊区经济基础较好的农村地区，可考虑和城市一起统一规划、统一处理的原则，纳入市处置系统进行统一处置。推进城乡垃圾一体化收集处置体系建设，加快镇（乡）垃圾中转设施，城镇或区域生活垃圾无害化集中处理设施建设，积极开展现有生活垃圾处理设施的无害化改造或封场，确保集中收集的农村生活垃圾得到无害化处置。偏远农村建议分类收集、就地处理，有机垃圾和无机垃圾分类收集，同时加强农村有机垃圾资源化基础设施资金投入力度，完善农村垃圾处理设施建设。

4. 加大科研投入和成果转化

（1）加强生活垃圾处理污染防治技术研究

当地政府及各级科技主管部门应将生活垃圾处理技术纳入相关科技计划，加大支持力度。投入专项经费开展农村生活垃圾处理处置专项研究，研究开发实用性强、小型灵活且适合农村地区的生活垃圾处理处置的新技术与设备。

（2）提高农村生活垃圾处理技术设施水平

针对农村垃圾的特点开展工程示范。加强技术集成，加快农村生活垃圾设施标准化、现代化和国产化的水平。

（三）农村垃圾收集处理体系建设

我国农村生活固体垃圾基本上处于“无序”状态。也就是说不管是地方政府还是当地村民，都没有将垃圾的处理纳入日常管理活动中，导致垃圾随处可见。此外，不少地区还存在城市垃圾向乡镇转移的现象。根据中国城市环境卫生协会 2009 年的统计，在全国人口少于 1 万人的近万个小城镇中具有垃圾处理设施的只有 27 个，绝大多数小城镇的垃圾处理还处于原始的自然堆放状态。近年来，随着新农村建设和乡村清洁工程的推进，一些地区在农村生活垃圾管理方面逐渐摸索出一些新的模式。其中一个重要的模式是推行城乡环卫一体化管理，即把城市垃圾管理体系延伸到农村，对农村垃圾实行统一管理、集中清运和定点处理。也有些区域借鉴城市社区垃圾管理办法，根据不同村镇经济实力选择自觉收集、义务清扫、有偿包干和物业管理相结合的农村多样化保洁制度。自觉收集就是要求每个农户生活垃圾装入垃圾袋、桶，方便统一运送与管理。还有些地区针对农村生活固体垃圾的特点，摸索出了就地减量化分类处理的管理模式。总之，农村生活固体垃圾处理体系建设应因地制宜，最终使得农村生活固体垃圾处理在有序的管理体系下进行。

（四）农村垃圾收集与处理技术

1. 垃圾处理模式

（1）城乡一体化处理模式

一些经济发达的农村地区或城镇周边的农村地区，采用有机垃圾和无机垃圾分类收集方式。无机垃圾可结合城市生活垃圾管理体系，执行“村收集—镇运输—县（市）处理”的垃圾收集运输处理系统，实施城乡一体化管理。厨余等有机垃圾分开收集堆肥，分类收集的有机垃圾可采用静态堆肥或能源型生态模式（如秸秆气化、沼气发酵）处理。

（2）源头分类集中式处理模式

对于我国大部分平原型农村，经济一般、与县市距离在20 km以上的农村，可考虑集中力量建立覆盖该区域周围村庄的垃圾收集、转运和处理设施，实现垃圾的分类收集、集中处理。要求村民每天产生的生活垃圾首先要进行分类，将垃圾内的有机物、废金属、废电池、废橡胶、废塑料及泥沙等进行分离，可回收部分由废品回收人员收购，餐厨等有机垃圾集中式堆肥、不可回收垃圾进入村镇垃圾处理场集中填埋处理。村镇垃圾处理场可利用区域废弃土地建设简易填埋场，但场地应具有承载能力，符合防渗要求，远离水源。

（3）源头分类分散处理模式

对于我国部分山区农村、远郊型农村和其他偏远落后农村，经济欠发达、交通不便、人口密度低、距离县市20 km以上的农村可考虑源头分类分散处理模式。该模式要求村民首先要对生活垃圾进行源头分类，可回收垃圾由废品回收人员收购，厨余垃圾、灰土垃圾（占农村生活垃圾总量的60%以上）不出村或镇就地消纳，可以大大地减少传统模式的垃圾收集、运输和处理过程中的固定设施投入和运营成本，并且杜绝了对环境的二次污染。剩余的少部分不可回收垃圾进入分散式村镇垃圾处理场填埋处理。分散式村镇垃圾处理场要避开地下水位高、土壤渗滤系数高、农村水源地或丘陵地区。

2. 生活垃圾处理技术

国内外有关生活垃圾处理技术的理论研究和工程实践中较为成熟且常用的生活垃圾处理技术主要有填埋、高温堆肥、焚烧。

（1）填埋

填埋技术作为生活垃圾的最终处理方法是解决生活垃圾出路的最主要方法。填埋法可分为简单填埋法和卫生填埋法。简单填埋优点是设施简单，只有土堤围坝压实填埋，投资小，工艺简单；缺点是没有污染防治设施，垃圾产生的废液和废气对水体和大气环境容易造成污染，也是鼠、蝇滋生地，已不提倡使用。卫生填埋是利用工程手段，采用有效技术措施，防止渗漏液及有害气体对水体和气体的污染，并将垃圾压实至最小，隔一段时间用土覆盖，是一种无害化处理垃圾的方法，其缺点是投资大、占地多，存在渗漏液继续渗出污染环境的危险等。

（2）高温堆肥

中国常用的生活垃圾堆肥技术可分为简易高温堆肥和机械高温堆肥。前者工程规模较小，机械化程度低，采用静态发酵工艺，环保措施不齐全，投资及运行费用低，一般在中小城市应用；后者工程规模大，机械化程度高，一般采用间歇式动态好氧发酵工艺，有较齐全的环保措施，投资及运行费用较高。

（3）生活垃圾焚烧技术

焚烧法适合用于平均低位热值高于 5 000 kJ/kg 的生活垃圾，可以将垃圾燃烧产生的热量用于供热或发电。其缺点是投资大，垃圾所需低位热值较高，燃烧过程中可能产生污染。

第二节　农田生产环境治理

一、秸秆收集与处理

（一）农村秸秆产生特征和综合处置的必要性

1. 农村秸秆产生特征

农作物秸秆是籽实收获后剩留下的含纤维成分很高的作物残留物，主要包括禾谷类、豆类、薯类、油料类、麻类及棉花、甘蔗、烟草、瓜果等多种作物的秸秆。农作物秸秆是农作物的主要副产品，是自然界中数量极大且具有多种用途的可再生生物质资源，约占我国生物质总资源量的一半，是当今世界上仅次于煤炭、石油和天然气的第四大能源，占世界能源总消费量的 14%。

（1）秸秆资源分布广、种类多、产量大

我国是一个农业大国，拥有耕地约为 1.217 亿 hm^2，农作物秸秆的产量约 7 亿吨，年产农作物秸秆数量相当于北方草原打草量的 50 多倍，秸秆产量约占全世界秸秆总量的30%，位列世界之首。我国在2006—2010年秸秆总量呈增长态势，到 2010 年已经达到 8 亿吨，相当于 3.5 亿 ~4.0 亿吨标准煤。我国的农村主要有玉米秸秆、水稻秸秆、小麦秸秆，分别占总量的 36.7%、27.5%、15.2%，粮食作物秸秆占总量的 90.5%。50% 以上的秸秆集中在四川、河南、山东、河北、江苏、湖南、湖北、浙江等省份，西北地区和其他省份秸秆资源分布量较少。水稻秸秆主要分布在长江以南的诸多省份，小麦和玉米秸秆主要分布在黄河与长江流域之间及黑龙江和吉林等省份。

（2）农作物秸秆质量

农作物秸秆具有极高的利用价值。①农作物秸秆热值高，大约相当于标准煤的 1/2。经测定，秸秆热值约为 15 000 kJ/kg；②农作物秸秆含有多种可被利用的有用成分，除了绝大部分碳之外，还含有氮、磷、钾、钙、镁、硅等矿物质元素，有机成分有纤维素、半纤维素、木质素、蛋白质、脂肪、灰分等，这些物质都可以作为资源加以利用。

2. 农村秸秆的用途

（1）作饲料

农作物秸秆可以直接用作食草动物的饲料，但存在适口性差、消化率低的问题，而经特殊工艺加工的秸秆饲料，可以提高采食率和消化率，使秸秆的营养价值得到充分利用。近年来，我国秸秆饲料化利用主要有以下四种途径：

①秸秆氨化

秸秆氨化是一种比较成功的处理方法，有利于牲畜消化吸收，更重要的是氨化可使秸秆的粗蛋白质含量显著提高。实践研究表明，用含氮的化学物质（如氨水、尿素等）处理秸秆，可使采食率提高 20%~30%，消化率提高 20% 左右，能量价值提高 80% 左右，粗蛋白含量提高 4%~6%，总营养价值提高 1~1.8 倍。

②秸秆青贮及微贮

秸秆青贮是在农作物腊熟期完成种子或果实收获后，即刻进行秸秆粉碎，随即装入塑料袋或青贮池中，压实、排除空气并保持适当的含水量，最后密封保存。这种方法能使植物中的营养成分得以保存，并能提高适口性和消化率。秸秆微贮是在贮存秸秆的过程中加入微生物菌剂或者微生物与酶的复合生物添加剂，通过这些有益微生物和酶的作用，使秸秆发酵变为质地柔软、膨松润滑、酸香适口的粗饲料。

③秸秆颗粒饲料

将晒干后的秸秆粉碎，加入其他添加剂并搅拌均匀，经研磨、挤压等程序加工成仅为原来体积 5% 的秸秆颗粒饲料，不仅为贮存、运输和销售提供了极大的便利，同时由于在加工过程中摩擦加温，使秸秆内部深度熟化、硬度降低，适口性、采食率和营养价值显著提高。

④秸秆单细胞蛋白饲料

目前，秸秆经微生物发酵转化生产蛋白质饲料或单细胞蛋白有一定进展。以玉米秸秆为原料，利用混菌发酵技术使发酵后玉米秸秆蛋白含量达到11.45%，接近小麦的蛋白质含量，同时经混菌发酵后玉米秸中的粗纤维含量降低，有利于动物的消化吸收，大大地提高了玉米秸秆的营养价值。

（2）做能源

随着石化能源的日趋枯竭和经济发展中能源短缺矛盾的日益突出，秸秆能源化利用技术的研究与开发取得了很大的进展。

①秸秆直燃供热

作为传统的能量转化方式，直接燃烧具有经济方便、成本低廉、易于推广的特点，可在秸秆主产区为中小型企业、政府机关、中小学校和相对比较集中的乡镇居民提供生产、生活热水和用于冬季采暖。

②秸秆制沼

秸秆制沼历史悠久，它是多种微生物在厌氧条件下将秸秆降解成沼气，并副产沼液和沼渣的过程。沼气含有50%~70%的甲烷，是高品位的清洁燃料，它可在稍高于常压的状态下通过PVC管道供应农家，主要用于炊事、照明、果品保鲜等。因此，秸秆制沼不仅可以优化农村能源结构，节约不可再生能源的消耗，还具有良好的经济、环境和生态效益。

③秸秆固化成型

秸秆有机质纤维素、半纤维素和木质素通常在200℃~300℃下软化，将其粉碎后添加适量的黏结剂和水混合，施加一定的压力使其固化成型，即得到棒状或颗粒状“秸秆炭”，若再利用炭化炉可将其进一步加工处理成为具有一定机械强度的“生物煤”。

④秸秆气化

秸秆气化是高效率利用秸秆资源的一种生物能转化方式。将农作物秸秆粉碎后作为原料，经过气化炉热解、氧化和还原反应转变成为一氧化碳、氢气、甲烷等无尘、无烟、无污染的可燃气体，再经过净化、除尘、冷却、加压贮存，通过输配系统或储气罐送往用户，作为生活燃料或生产用能源。一个四口之家用一吨秸秆就可产生 2000 m^3 的秸秆气，能满足全家一年的生活用气。

⑤秸秆液化

2006 年 6 月，中国科学技术大学生物质洁净能源实验室研制的秸秆冶炼生物油技术通过了中试，出油率高达 60%，生产成本约为 790 元 / 吨。另外，2006 年 8 月，由山东泽生生物科技有限公司与中国科学院过程工程研究所联合启动的"秸秆酶解发酵乙醇新技术及其产业化示范工程"项目通过鉴定，该项目达到国际领先水平。这个年产 3000 吨秸秆发酵生产燃料乙醇示范工程，与传统的酸水解方法不同，首创了秸秆无污染汽爆等技术，并建成了目前世界上最大的 110 m^3 固态菌种发酵反应器，形成了工业生产工艺体系。国家"十一五"规划纲要明确提出，"十一五"时期要扩大燃料乙醇生产能力。为了扩大生物燃料来源，我国已开始以甜高粱、木薯、红薯、芸豆、大豆、油菜籽、麻风树、黄连木以及农林废弃物纤维素等制取燃料乙醇或生物柴油的研究。

⑥秸秆发电

2003 年以来，国家发展和改革委员会先后批复了江苏如东、山东单县和河北晋州三个国家级秸秆发电示范项目，总装机容量 8 万千瓦，拉开了我国秸秆发电建设的序幕。在《可再生能源法》及其配套政策的支持下，我国秸秆发电迅速发展。

（3）做肥料

①直接还田，即在农作物收获时或收获后，使用联合收获机械把秸秆就地粉碎均匀抛撒，然后进行耕翻掩埋；②覆盖还田，即在作物生长期间，于株间或行间覆盖作物秸秆，既可保温，又可增肥；③残茬还田，在作物收获时有意识地留出高茬，作为下一季作物的肥料；④堆沤还田，就是将秸秆粉碎后，与牲畜粪便

混合然后添加一定量的生物腐熟剂，利用生物发酵原理，缩短秸秆熟化周期制成有机肥；⑤烧灰还田，即将秸秆焚烧后的草木灰当钾肥还田；⑥过腹还田，即用秸秆饲喂畜禽，然后将畜禽的粪尿作为肥料还田。利用多种形式的秸秆还田，不仅可以增加土壤有机质和速效养分含量，培肥地力，还可以有效缓解氮、磷、钾肥比例失调的矛盾，调节土壤物理性能，改造中低产田，形成土壤有机质覆盖，抗旱保墒，还可以增加作物产量，优化农田生态环境。

（4）做工业原料

①造纸工业的主要原料，目前用于造纸的麦草量占可提供资源量的 20% 左右，仍有相当潜力；②用作建筑装饰材料，如秸秆轻体板、轻型墙体隔板、黏主砖、蜂窝芯复合轻质板等，这些材料成本低、重量轻、美观大方，且生产过程中无污染，在建材领域内的应用已相当广泛，很有发展前景；③生产可降解的包装材料，如一次性餐具、快餐盒和筷子，制造包装缓冲衬垫材料；④生产工业原料，如淀粉、酒精、糠醛、木糖醇、羟甲基纤维素等；⑤用于编织业，如草帘、草苫、草帽、草席、草垫等多种工艺品和日用品，编织的草帘、草苫可用作蔬菜温室大棚的保温材料。

（5）做基料

农作物秸秆含有食用菌生长所需要的碳、氮及矿物质等营养素，通过机械粉碎可作为培养食用菌的基料。此项技术投资少、见效快、收益高，生产的品种主要有各种平菇、香菇、金针菇、白蘑菇、白木耳、黑木耳以及兼有药用价值的猴头菇、灵芝等 20 多种。

农作物秸秆是一种宝贵的可再生资源，随着石化资源的日趋枯竭和秸秆焚烧污染环境问题的日益突出，提高农作物秸秆的综合利用水平，实现深层次、多途径综合利用方式是人们对可持续发展、保护环境和循环经济的追求。我国农作物秸秆资源丰富，分布广、种类多、产量大、质量高，其综合利用潜力巨大，发展前景十分广阔。

3. 农村秸秆综合处置的必要性

我国每年农作物秸秆资源量约占生物质资源量的近一半。农作物秸秆是一种宝贵的可再生资源，但是长期以来由于受消费观念和生活方式的影响，我国农村秸秆资源完全处于高消耗、高污染、低产出的状况，相当多的一部分农作物秸秆被弃置或者进行焚烧，没有得到合理开发利用。调查显示，目前我国秸秆大部分未加处理，经过技术处理后利用的仅约占 2.6%。

因此，综合利用农作物秸秆资源对于节约资源、保护环境、增加农民收入、促进农业的可持续发展都具有重要的现实意义。

（1）秸秆综合利用是缓解资源约束的重要补充

①秸秆作为优质的生物质能可部分替代和节约化石能源，减少对化石能源的依赖。按热值测算，2 吨秸秆相当于 1 吨标准煤，开发利用秸秆能源，可有效增加农村地区的能源供应，改善能源结构，减少二氧化碳排放。②秸秆含有丰富的有机质、氮磷钾和微量元素，是一种具有多用途和可再生的生物资源，也是农业生产重要的有机肥源。据测算，7 亿吨秸秆中含氮 350 万吨、磷 80 万吨、钾 800 万吨，相当于 2010 年全国化肥施用总量的 1/5 左右。③秸秆纤维是一种天然纤维素纤维，生物降解性好，可替代木材用于造纸、生产板材、制作工艺品、生产活性炭等，节约大量木材，保护宝贵的森林资源。④秸秆含有丰富的营养物质，4 吨秸秆的营养价值相当于 1 吨粮食，可为畜牧业持续发展提供物质保障。

（2）秸秆综合利用是减轻环境压力的有效手段

长期以来，秸秆一直是我国农民生活的基本燃料和农业生产的物质资料。随着农民生活水平的提高，不再使用秸秆作为家用燃料，而选用商品能源等，传统的秸秆利用途径发生了历史性的转变。秸秆出现季节性、地区性、结构性过剩，大量秸秆得不到收集利用，每逢农忙期间，秸秆遍地焚烧现象依然严重，屡禁不止。秸秆违规焚烧，不仅浪费了宝贵的资源，而且严重污染大气环境，威胁交通运输安全，影响城乡居民生活。特别是 2011 年 6 月，有关媒体报道的“江浙一些地区焚烧秸秆致多人死伤”，对人民群众生命安全造成严重危害。通过秸秆综合利用，可有效地改善农村公共卫生环境，有助于整治农村环境脏、乱、差的局面，提高农村生活质量，促进社会主义新农村建设。

（3）秸秆综合利用是促进农民增收的有效途径

随着科学技术的不断发展，秸秆的利用从农业、农村的原始利用扩展到工业化的多元深加工利用。秸秆综合利用有着较好的市场前景。秸秆收集、贮存、运输、加工可为农民提供大量的就业机会，增加农民收入。按照目前的市场测算，1吨秸秆的价格在200~250元，秸秆综合利用率若增加10%，即消化7 000万吨秸秆，可直接为农民至少增收140亿元。建设一条年产5万立方米的秸秆人造板生产线可消纳秸秆6.5万吨，直接提供200个就业岗位，同时可以带动周边秸秆收集、运输、贮存等服务业发展，间接增加就业岗位400个。发展秸秆综合利用，既可有效解决农村剩余劳动力的就业问题，又可提高农民的收入水平。

（4）秸秆综合利用有利于农业的可持续发展

秸秆在农田生态系统中具有重要的地位，秸秆的处置方式直接关系到农田生态系统中物质、能量的平衡与失调。秸秆作为重要的生物质资源，总能量基本和玉米、淀粉的总能量相当。秸秆燃烧值约为标准煤的50%，秸秆蛋白质含量约5%，纤维素含量约30%，还含有一定量的钙、磷等矿物质，1吨普通秸秆的营养价值平均与0.25吨粮食的营养价值相当。专家测算，每生产1吨玉米可产2吨秸秆，每生产1吨稻谷或小麦可产1吨秸秆。由此可见，对农作物秸秆的综合利用无论是社会效应还是经济效应都是相当可观的。因此，开发利用秸秆已经成为农业生产资源开发和环境保护的新焦点，提高农作物秸秆综合利用水平，是实现高产高效农业、促进农村经济发展和帮助农民致富、实现农业可持续发展的重要途径。

（二）农村秸秆收集与处理的原则与要求

1. 疏堵结合，以疏为主

加大对秸秆焚烧监管力度，在研究制定鼓励政策，充分调动农民和企业积极性的同时，对现有的秸秆综合利用单项技术进行归纳、梳理，尽可能地物化和简化，坚持秸秆还田利用与产业化开发相结合，鼓励企业进行规模化和产业化生产，引导农民自行开展秸秆综合利用。

2. 因地制宜，突出重点

根据各地种植业、养殖业的现状和特点，以及秸秆资源的数量、品种和利用方式，合理选择适宜的秸秆综合利用技术进行推广应用。在满足农业利用的基础上，合理引导秸秆成型燃烧、秸秆气化、工业利用等方式，逐步提高秸秆综合利用效益。做好机场周边、高速公路沿线和大中城市郊区的秸秆综合利用工作，以有效防止对交通运输和城乡居民生活造成严重危害。

3. 依靠科技，强化支撑

加强技术集成配套，建立不同类型地区秸秆综合利用的技术模式，强化技术支撑；依靠科技入户、新型农民培训、科技特派员、星火 12396 等项目，强化技术培训和指导，推广便捷实用的秸秆综合利用技术，促进技术普及应用；大力开发操作简便、集约利用水平高的实用新技术。

4. 政策扶持，公众参与

统筹考虑国家对秸秆综合利用的扶持政策情况，进一步加大政策引导和扶持力度，充分发挥市场配置资源的作用，鼓励社会力量积极参与，形成以市场为基础、政策为导向、企业为主体、农民广泛参与的长效机制。

（三）农村秸秆收集体系建设

农作物秸秆收集是秸秆综合利用的基础，狭义的农作物秸秆收集体系建设包括秸秆从产生到综合利用所需的技术和配套设备，鼓励发展农作物联合收获、粉碎还田、捡拾打捆、贮存运输全程机械化，建立和完善秸秆田间收集体系。不同的作物种类，其种植方式和特征不同，需要的秸秆收集配套设备不同。

广义的秸秆收集体系建设应建立以企业为龙头，农户参与，县、乡（镇）人民政府监管，市场化推进的秸秆收集和物流体系。鼓励有条件的地方和企业建设必要的秸秆贮存基地，应从机制、政策、研发、宣传等方面开展秸秆收集体系建设。

1. 建立健全秸秆收集服务体系

农村秸秆收集服务体系联结着秸秆利用的各个环节，要加快建立健全政府推动、企业和合作组织牵头、农户参与、市场化运作的服务体系。为适应当前农村自给自足的小农经济生产方式，必须从机制创新上做文章。可充分利用原有的粮、棉等收贮机构的人员和场地，建设完备的收贮站点网络和交易平台；按照各行业秸秆利用标准，规范收贮中心及站点建设，应配备相应的秸秆工艺处理设备和必备的贮运设施，有完善的防雨、防潮、防火、防雷和防晒等设施；鼓励发展经纪人团体或组建专业收贮运公司，将广大农户有效地组织起来，采取加盟连锁等现代运作方式，将秸秆原料生产与供应纳入物流体系。

2. 出台相应的秸秆收集扶持政策

尽管秸秆利用产业有许多优势，但当前还面临许多困难难以克服，特别是在发展的初期，政府的扶持十分必要。各地政府部门应安排专项资金，并引导社会和企业自筹资金，主要用于秸秆收集技术和设备的研发、设施购置、体系建设和示范点项目的建设。建议财政部门对主动收集并出售秸秆的农户给予每亩 20~30 元的经济补贴，将秸秆收集、贮藏、运输设备列入农机补贴政策范围，让从事秸秆收贮运的组织和个人也享受到国家农机补贴；国土部门对秸秆收集中心、收贮点和堆场用地给予支持，简化办证手续，免费办理临时用地和建筑的手续；交通部门提供专用的“绿色通道”，并减免过路、过桥费，以降低原料低成本；针对秸秆收购的无序竞争和价格随意上涨等问题，政府应出台相关管理办法，规范收贮运行为，将秸秆纳入农产品市场管理范围，引导签订产供销合同，保障企业秸秆原料的来源稳定，真正使农民得实惠、企业增效益，实现互利共赢。

3. 解决秸秆收贮运的技术难题

尽快在引进消化吸收国外先进技术的基础上，通过自主创新，形成我国秸秆收贮运的经济、实用、高效的技术体系，有效解决打包难、破料难、运输难等问题。完善我国的秸秆田间机械化处理系统，积极探索农作物收割、捡拾、打捆一机完成的秸秆收集方式，开发适用于农村小面积耕种、操作方便、性能可靠、使用安全的高效节能的秸秆收获机械设备，争取在秸秆机械化收割、打捆、粉碎、打包等方面取得进一步突破；研究、推广运量大、易装卸、行驶安全、适于短途运输的农机工具；建立有关的行业标准和技术规程，使秸秆产业化利用走上规范化道路；探讨秸秆运输量、压缩密度、能源消耗、运输距离等因素与成本的关系，确定秸秆收贮运的最优模式。

4. 推广秸秆收贮运的实用技术

以秸秆为原料的资源利用产业是农村朝气蓬勃的产业，尤其在当前我国大力倡导低碳经济的背景下，更要树立“秸秆资源”的思想，要把秸秆资源化利用置于可持续发展战略之中，将推进秸秆综合利用与社会主义新农村建设、农业增产增效和农民增收有机结合起来。

通过电视、报纸、广播等新闻媒体，加大秸秆收贮运新型机具和技术的推介力度，引导广大群众购买新机具、更新老设备。采用编发简报、明白纸、公开信、悬挂横幅等多种方式，大力宣传秸秆收贮运工作的先进典型，以典型引路；组织开展不同类型、不同层次的技术培训，采取农业科技入户、农民实用技术培训、科技下乡等多种培训形式，加快秸秆收贮运关键机具和实用技术使用知识的普及。

5. 增强秸秆收贮运的市场化运行动力

在当今应对全球气候变暖的大形势下，秸秆产业迎来了一个发展的重大机遇，不过从目前情况来看，秸秆还田仍是秸秆综合利用最经济、最现实的方式和途径，取之于田、还之于田，秸秆利用的首要方向还是还田。因此，在规划建设秸秆电厂、气化站、固体成型以及纤维素乙醇等以秸秆为原料的企业时，切不可盲目布点，应在考虑当地的秸秆资源状况、收集半径和成本的基础上，科学规划，充分论证，合理布局，有效避免出现秸秆收购半径扩大、收集难度加大及原料成本上涨的不良竞争局面，使得项目建成后不用秸秆或无秸秆可用，从而造成巨大浪费。与此同时，鼓励企业开发生产科技含量高、利用程度深的秸秆产成品或副产品，通过延伸产业链将秸秆“榨干用尽”，提高附加值，创造秸秆利用的最大投入产出效率，逐步使秸秆收贮运体系市场化运行，充分调动社会资本投资开发利用秸秆的积极性，以促进我国秸秆利用产业的可持续发展。

（四）农村秸秆资源化处理与利用体系建设

技术进步和政策扶持是农村秸秆资源化处理与利用的关键点。

1. 开发新的秸秆利用技术

根据农业部2010年完成的全国农作物秸秆资源专项调查显示，2009年全国秸秆理论资源量为8.2亿t，其中可收集资源量为6.87亿t，每年废弃焚烧的秸秆总量达到2.15亿t。如果将废弃焚烧的2.15亿t秸秆全部实现资源化利用，那么除了需要将现有的技术最大化利用，还需要进一步开发新的秸秆利用技术。

目前，饲料化和还田利用是秸秆资源化利用的主要途径。最近几年，推广比较多的新技术有秸秆固化成型技术、热解气化技术、秸秆产沼气技术、秸秆直燃发电技术、培育食用菌技术、利用麦秸做一次性餐盒等。

利用秸秆养殖昆虫，进一步发展各种昆虫产品有很广阔的应用前景，如黄粉虫的养殖。黄粉虫素有“动物蛋白之王”的美誉，通过工厂化生产，可提供大量优质动物性蛋白质，促进养殖业的发展。黄粉虫脱脂提油后的虫粉蛋白质含量达到70%，再经提取壳聚糖（甲壳素），蛋白含量可高达80%，不但能够替代进口优质鱼粉，而且完全可以食用。除了黄粉虫，秸秆还可以养殖蝗虫、大麦虫、螟虫等多种昆虫。总体而言，秸秆利用技术发展没有特别成熟，秸秆的消耗量也比较有限。

2. 加大政策扶持

除了技术之外，政策的扶持也是解决秸秆问题的关键。只有得到政策上的大力支持，秸秆的能源化利用才会日见成效。财政部2010年印发的《秸秆能源化利用补助资金管理暂行办法》提到，中央财政将补助资金支持秸秆能源化利用，支持对象为从事秸秆成型燃料、秸秆气化、秸秆干馏等秸秆能源化生产的企业，但支持面还不够广、支持力度还不够大。

二、废旧地膜回收与处理

（一）废弃塑料地膜污染特征分析

1. 残留地膜对农田生态系统的危害

（1）残留地膜对农田土壤的影响

地膜在土壤中常年不降解，即使降解也会产生有害物质；土壤中的残留地膜会使土壤含水量下降，削弱抗旱能力，而且会引起土壤次生盐渍化，土壤板结且肥力下降。

（2）残留地膜对作物生长和产量的影响

播在残膜上的种子，烂种率可达6.92%，烂芽率达5.17%，减产达12%左右；由于土壤残膜导致土壤板结、透气性差，根系不能正常发育，须根少，作物生长失调，导致农作物减产。另外，塑料地膜残留量大的地块，由于农田生态环境质量变差，导致农作物生长过程中病虫害发生率高，减产率高达18%~25%。

2. 对农村环境的危害

由于回收残膜的局限性，加上处理回收残膜不彻底、方法欠妥，部分清理出的残膜弃于田边、地头，大风刮过后，残膜被吹至屋前屋后、田间、树梢、影响农村环境景观，造成“视觉污染”。

3. 残留地膜的化学污染

农用塑料膜是聚乙烯化合物，在生产过程中需加40%~60%的增塑剂，即邻苯二甲酸二异丁酯，其化学性能对植物的生长发育毒性很大，特别是对蔬菜毒性更大。

邻苯二甲酸二异丁酯从农膜挥发到空气中，再经叶子气孔进入叶肉细胞，它的毒性作用主要是阻碍和破坏叶绿素的形成。植物的生长点和嫩叶由于生理活动旺盛，最易受到伤害，因而影响作物的光合作用，导致作物生长缓慢，严重的可黄化死亡。

4.其他方面的危害

残留地膜碎片会随农作物秸秆和饲料进入农家，牛羊等家畜吃残膜后，可能导致肠胃功能失调，膘情下降，严重时会引起厌食和进食困难，甚至导致死亡。另外，有些地方将残膜碎片焚烧，产生有害气体（二噁英），造成大气污染。

（二）废旧地膜回收与处理技术

1.废旧地膜回收技术

废旧地膜回收的方法主要有人工和机械回收两种，目前废旧农膜的捡拾基本上是以人工为主，废旧农膜回收机械不能产生直接的经济效益，机具价格高，严重制约了废旧农膜机械化的进程，但人工作业性回收率低、作业效果差、劳动强度大，人工只能捡拾土壤表层的废旧农膜，造成大量的地膜使用后没有得到有效清理，年复一年，不断累积，并随着每年的耕翻作业，分层到了整个田间的耕层里，影响农田土壤质量和作物的生长，机械化废旧农膜回收在农场和土地集约化经营的组织中应用较广泛，节约劳动力，并能将回收的废旧农膜再生利用，可以克服人工捡拾的不足，是残膜回收的有效方法。

地膜机械回收技术是针对腹膜栽培技术而发展起来的一项配套技术，它是通过机械的方法将作物收获后留在地表的破损地膜收集起来的一项机械化技术。

按照农艺要求和作业时间可分为三类：①耕地前地表农膜回收；②苗期地表农膜回收；③耕作层农膜回收。目前应用最多的是耕地前地表农膜回收，该方法有秋后耕地前和春季耕种前废旧农膜回收两个时段，它有利于抑制杂草生长和作物生长后期的保墒作用，但由于农膜留存的时间长，受作物管理过程中人工、机械作业的影响，农膜已经破损，抗拉强度下降，使机械回收残留地膜难度加大；

同时还有大量的枝叶、茎秆和根茬等杂物与残膜混合在一起，成为机械化回收残留地膜的难点。苗期地表农膜回收目前主要应用在水量较为富余的灌区，在进行第一次灌溉前适时揭膜，该方法必须在前期种植时就为机械化揭膜、除草、施肥做好准备才能完成，由于对地膜和机具的性能要求较高，没有得到大面积的推广应用。耕作层废旧农膜回收，要求在表土作业或土壤翻耕过程中将混杂在土壤中的废旧农膜分离出来，目前以表土作业时捡拾地表层废旧农膜为主，混杂在土壤耕作层中的农膜还没有有效的清理方法，只能残留在土壤中。

2. 废旧地膜处理技术

（1）焚烧回收热能技术

目前中国使用的塑料农膜材料比较简单，主要是聚乙烯（PE）、聚氯乙烯（PVC）。聚乙烯的燃烧热为 4663 GJ/kg，聚丙烯的燃烧热为 4395 GJ/kg，聚氯乙烯的燃烧热为 1806 GJ/kg，木材的燃烧热为 1465 GJ/kg。可见，废旧塑料的燃烧热一般高于木材，通过焚烧进行热能回收具有很大的发展潜力。

现行的焚烧废旧塑料地膜的方式主要有三种：

①使用专用焚烧炉焚烧废旧塑料地膜回收利用能量法。这种方法使用的专用焚烧炉有流化床式焚烧炉、浮游焚烧炉、转炉式焚烧炉等。要求这类专用设备尽量无公害，可长期使用和能稳定连续操作。

②作为补充燃料与生产蒸汽的其他燃料掺用法。应用此法，热电厂可将农用塑料废弃物作为补充燃料使用。

③通过氢化作用或无氧分解转化成可燃气体或可燃物再生热法。这既是一种能量回收方法，又属于农用塑料废弃物在特殊条件下的分解。

（2）洗净、粉碎、改型、造粒技术

废旧地膜作为废旧塑料的一种，对其进行再生造粒，不仅实现了资源再生，而且解决了白色污染问题，是适合我国国情最主要的废旧地膜资源化利用技术。湿法造粒是目前普遍采用的一种较为成熟的工艺，再生后的颗粒纯度较高，可以用来作为高品质塑料制品的原材料。废旧地膜再生造粒有着广泛的用途。地膜主要为PE膜，PE再生粒可用来生产农膜，也可用来制造化肥包装袋、垃圾袋、农用再生水管、栅栏、树木支撑、盆、桶、垃圾箱、土工材料等。

（3）制备氯化聚乙烯技术

回收利用农用地膜进行废聚乙烯制备氯化聚乙烯是非常需要的，一方面是高密度聚乙烯紧缺；另一方面是氯化聚乙烯作为聚氯乙烯的优良改性剂和特种橡胶应用已被世界公认。

（4）用废旧塑料地膜制造控释肥料的包膜材料

控释肥料的包膜材料主要是来源广泛、价格低廉的废旧塑料，如聚乙烯、聚丙烯、聚氯乙烯、聚苯乙烯等。包膜的厚度、开孔密度、包膜与肥料芯的质量比可根据需要进行调节。因农作物施用化肥量很大，因此，推广该项技术既可消纳大量废旧塑料资源，也可实现肥料释放与植物生长同步，从而提高肥料利用率。

（5）废旧地膜的掩埋处理

由于我国对废旧塑料地膜的再生利用技术相对落后，事实上人们已经用掩埋的方法处理了大量的废旧塑料地膜。掩埋处理法有两个优点：①深埋于地下，对地表层的绿色植物生长不会构成危害；②方法简单，设备投资最少，甚至只消耗人力和使用简单工具即可。掩埋法也存在严重的弊端：因埋入地下不见阳光和隔绝了空气，成为真正的“不朽之物”，短期内虽然无害，但最终还是有害无利的，因其积累过多会严重妨碍水的渗透和地下水的流通，若长期如此操作，地下水源也将受到这类废弃物的污染。

第三节　畜禽生产环境治理

一、畜禽养殖产中控制

饲料是畜禽生存、生长、生产和繁殖所需一切营养因子的直接来源。只有均衡的营养才能保障饲料营养成分被最大限度地利用、最小数量地排放、最低比例地浪费，才能发挥畜禽最大的生产力水平。畜禽养殖场饲用氨基酸平衡、矿物质平衡等饲料，同时添加国家行政主管部门批准的微生物制剂、酶制剂和植物提取物等添加剂，可以提高饲料养分的利用率，减少粪尿及氮磷、恶臭物质、矿物元素的排放量。在饲料配方中禁用抗生素和激素类等高残留添加剂，减少其在畜禽产品和环境中的残留，有效避免畜产公害和降低环境风险。

（一）使用环保型饲料

1. 营养平衡饲料

国际上近 20 年来的实践表明，营养平衡饲料可使畜禽对营养素的需求得到最大满足，且实现最小浪费。营养平衡主要包括能量蛋白平衡、氨基酸平衡（理想蛋白质）、矿物质平衡、维生素平衡等。通过在饲料中添加某些氨基酸促使饲料氨基酸平衡，饲料粗蛋白水平可降低 2%~4%，对动物的生产性能无负面影响，氮排出量则可减少 20%~50%。

2. 高转化率饲料

酶制剂是提高饲料养分消化率的重要工具。在猪、鸡麦类饲料中添加非淀粉多糖酶，可降解抗营养因子可溶性非淀粉多糖（P- 葡聚糖和阿拉伯木聚糖），进而全面提高饲料中各种养分的消化率，从而提高饲料转化率 13% 和氮利用率 12%，提高猪、鸡生产性能，降低粪便排泄污染。植酸酶可显著提高植酸磷的生物学效价，可使植物性饲料中难以被猪、鸡利用的植酸磷变为可被利用的有效磷，大大降低饲料中的无机磷添加量，降低磷的排泄污染，同时随着植酸磷（抗营养因子）的降解，饲料中其他营养素的消化利用率明显提高，氮的排泄污染相应减轻。其他如蛋白酶、纤维素酶和包含上述多种酶的复合酶以及饲料原料膨化加工技术、饲料制粒处理、多阶段饲养技术等均有提高饲料转化率和降低排泄污染的作用。

3. 低金属污染饲料

高铜、高锌、高砷饲料由于对猪具有促生长和防腹泻等效果而被广泛应用，但高剂量的铜、锌、砷大量、长期地排出体外，对生态环境造成严重的污染。人们现已开始重视开发应用具有促生长和防腹泻作用的无公害饲料添加剂，以取代高铜、高锌、高砷添加剂的使用。卵黄抗体、有机微量元素、益生素、酸化剂、植物提取物等在这方面已显示出作用。但要全面停止高铜、高锌、高砷的应用，还需不断地加强和完善替代技术的研究。目前，正在研究开发中草药型环保饲料取代高铜、高锌、高砷饲料。

4. 除臭型饲料

低聚糖能够显著降低仔猪产生的氨、吲哚、粪臭素及对甲酚等有害物质。EM 有效微生物菌剂加入饲料中，可促进猪的生长，提高抗病能力，并明显地降低粪的臭味，减少夏季蚊蝇的密度，净化空气。饲料中添加活性炭、沙皂素等除臭剂，可明显减少粪中的氮气及硫化氢等臭气的产生，减少粪中的氨气量40%~50%。国外用除臭灵可降低密闭猪舍和化粪池中的氨气散发量，有利于人畜健康，同时也提高了动物的生产性能。向猪饲料中添加的膨润土、海泡石、沸石粉等，具有与粪中氨结合的功能，促使粪中氨散发量减少。

（二）改进饲养技术

畜禽饲养过程也就是污染物产生的过程，污染物产生量在很大程度上取决于畜禽场的饲养技术。改进畜禽场饲养技术是减少污染物产生量、降低后续污染处理难度、提高综合利用价值的关键所在。合理利用动物福利养殖新技术，如产仔围栏替代分娩箱，自由散养取代密集室内饲养，家族栏替代母猪隔栏，蛋鸡栖架饲养，肉鸡栅栏式饲养等，既满足了动物福利促进畜禽健康，又有利于禽舍废物的集中处理；合理利用农牧结合、生态放牧饲养等生态养殖技术，促进农业生态系统的良性循环。

（三）节约用水，减少污染物排放

畜禽养殖场用水主要有两部分：一是畜禽饮用水；二是畜舍清洗用水。前者主要取决于畜禽的品种、饲养方式及饮水设施，尤其是饮水设施不同，造成的放、流、跑、漏、渗水量不同。如养鸡场采用乳头饮水线，可大幅降低舍内鸡的饮用水水量及污染排放量。因此，采用科学的饲养方式及合理的饮水设施，可减少用水量，减少浪费。

畜舍清洗用水占畜禽养殖用水的绝大部分，不同的清洗方式对水量的需求量不同，我国规模化养殖场目前主要的清粪工艺有三种：水冲式、水泡粪（自流式）和干清粪工艺。

1. 水冲式清粪工艺

该工艺是 20 世纪 80 年代中国从国外引进规模化养猪技术和管理方法时采用的主要清粪模式。该工艺的主要目的是及时、有效地清除畜舍内的粪便、尿液，保持畜舍环境卫生，减少粪污清理过程中的劳动力投入，提高养殖场自动化管理水平。水冲粪的方法是粪尿污水混合进入缝隙地板下的粪沟，每天数次从沟端的水喷头放水冲洗。粪水顺粪沟流入粪便主干沟，进入地下贮粪池或用泵抽吸到地面贮粪池。

2. 水泡粪清粪工艺

水泡粪清粪工艺是在水冲粪工艺的基础上改造而来的。工艺流程是在猪舍内的排粪沟中注入一定量的水，粪尿、冲洗和饲养管理用水一并排放缝隙地板下的粪沟中，贮存一定时间后（一般为 1~2 个月），待粪沟装满后，打开出口的闸门，将沟中粪水排出。粪水顺粪沟流入粪便主干沟，进入地下贮粪池或用泵抽吸到地面贮粪池。

水冲式清粪工艺、水泡粪清粪工艺耗水量大，排出的污水和粪尿混合在一起，增加了处理难度。北方地区应用较多的水泡粪清粪工艺，由于粪便长时间在猪舍中停留，形成厌氧发酵，产生大量的有害气体，如硫化氢、甲烷等，进而危及动物和饲养人员的健康。

3. 干清粪工艺

干清粪工艺的主要方法是粪便一经产生便分流，干粪由机械或人工收集、清扫、运走，尿及冲洗水则从下水道流出，分别进行处理。干清粪工艺分为人工清粪和机械清粪两种。人工清粪只需用一些清扫工具、人工清粪车等，设备简单，不用电力，一次性投资少，还可以做到粪尿分离，便于后面的粪尿处理；其缺点是劳动量大，生产率低。机械清粪包括铲式清粪和刮板清粪。机械清粪的优点是可以减轻劳动强度，节约劳动力，提高工效；缺点是一次性投资较大，还要花费一定的运行维护费用。

干清粪工艺可保持猪舍内清洁，无臭味，产生的污水量少、浓度低，易处理。干粪直接分离还可最大限度地保存它的肥料价值，堆制出高效生物活性有机肥，而且，该工艺的工程投资和运行费用比水冲式和水泡式清粪工艺降低一半以上。

二、畜禽粪便收集与处理

（一）畜禽粪便收集与处理现状

畜禽粪便是含有农作物所需的氮、磷、钾等各种元素的有机肥料，肥效高，利用广泛，被称为“农家宝”，可提高农作物的品质，改良土壤。但是，畜禽粪便中含有致病性微生物，主要包括条件致病菌、传染病病原体、致病性大肠杆菌和其他肠道病毒、寄生虫卵等。粪便被排出体外后，若不被抑制或灭杀，就会污染环境，污染手、土壤、水源、衣服、用具，被苍蝇携带或被家养动物吞食，引起肠道传染性疾病的发生。

1. 畜禽粪便还田

还田是目前畜禽粪便处理的主要方式，但是其比例呈下降趋势。无论是养猪还是养家禽，目前农户对粪便主要采取还田的处理方式。家禽粪便的还田比例达到 68.7%，而生猪粪便的还田比例更高，达 86.7%。但是过去 5 年，无论是生猪粪便还是家禽粪便的还田比例都呈现不同程度的下降趋势。2005 年，有 93% 的生猪粪便被用于还田，而到 2010 年这一比例下降到 86.7%，下降了 7 个百分点。同样，家禽粪便的还田比例由 2005 年的 71.4% 下降到 2010 年的 68.7%。畜禽粪便还田比例的下降，长期看来，可能会对中国耕地的肥力产生一定的负面影响。

2. 畜禽粪便废弃

畜禽粪便废弃比例不断上升，且增幅明显。近几年来，畜禽粪便的废弃比例呈明显的上升趋势。2005 年，生猪粪便的废弃比例仅有 2.0%，但是到 2010 年，其废弃比例却上升到 4.0%。家禽粪便的废弃比例也由 2005 年的 26.8% 上升到 2010 年的 28.3%。畜禽粪便还田比例下降而废弃比例上升，可能与农户大量使用化肥替代有机肥以及农村劳动力成本较大幅度上升有关。另外，家禽粪便的废弃比例要远高于生猪粪便，可能是因为散户饲养家禽大多采用自由放养方式，加之所产生的粪量小，粪便收集成本较高。

3. 畜禽粪便沼气化

沼气作为一种新型的畜禽粪便处理方式逐渐得到重视。畜禽粪便用于沼气生产的比例在 2005—2010 年增长较快。从生猪饲养农户的粪便处理方式来看，2005 年生猪粪便用于沼气生产的比例只有 3.5%，到 2010 年这一比例上升到 8.6%。对于家禽饲养农户，虽然家禽粪便用于沼气生产的比例不大，但还是从 2005 年的 1.4% 上升到 2010 年的 2.8%。畜禽粪便用于沼气生产的比例上升很可能与中国在过去几年一直大力推广沼气工程有关。在 2005—2010 年的 5 年中，生猪饲养农户和家禽饲养农户仅将小部分畜禽粪便用作水产饲养业的饲料。

2010 年，有 0.7% 的生猪粪便被用作饲料，与 2005 年相比下降了 0.1 个百分点；同时，家禽粪便用作饲料的比例也下降了 0.2 个百分点。总体而言，散户饲养畜禽粪便用作饲料的比例很小且变化不明显，基本上处于稳定的状态。

（二）畜禽粪便处理与利用的原则与要求

1. 畜禽粪便无害化

畜禽粪便中常含有大量的病菌和寄生虫卵，若直接施到地里会导致多种传染病和寄生虫病的发生。因此，在使用前必须经过无害化处理，以杀死病菌和虫卵量化。

2. 畜禽粪便资源化

畜禽粪便中还含有大量的有机物和氮、磷、钾等营养物质，因此，畜禽粪便无害化处理后可作为宝贵的有机肥资源。有害粪污经过治理，达到变废为宝的目的。工艺上可采用干清粪分离方式，污水、尿水经过厌氧发酵后可去除 COD 85%、BOD 80%，沼液通过人工湿地系统进行脱氮除磷后可进行农田灌溉、果园灌溉或者达标排放。经过固液分离后产生的沼渣与收集的粪便用作生产有机肥的生产原料，从而产生经济效益。

3. 畜禽粪便生态化

通过对粪污的治理，控制场区及周边水体污染，改善空气质量。厌氧发酵后所产生的沼液通过人工湿地系统后可以达标排放，同时生产有机肥可改善生产基地土壤生态环境，实施无公害生产，发展生态农业，促进土壤生态系统能量有效转化，全面提高生态环境质量。

4. 因地制宜原则

我国幅员辽阔，各地的地理条件、自然气候、经济水平、文化程度、风俗习惯等各不相同，没有哪一种模式适用于全国。因此，必须结合当地实际情况，选择技术上可行、投资少、运行费用低的最佳处理模式。

（三）畜禽粪便处理与利用体系建设

为了管理好畜禽粪便，达到资源化利用的目的，必须建立畜禽粪便处理与利用管理体系，主要包括粪便的收集、贮存、运输、处理和利用等多个组成部分。功能包括畜禽粪便的收集，粪便及废水的贮存，处理与利用，处理过粪便的运输。这些功能可以通过不同的途径来完成，具体采用哪种途径要根据特定的限制条件来选择。

1. 畜禽粪便收集和运输体系

（1）畜禽粪便应定点收集，定时清运，综合利用。

（2）村里产生的畜禽粪便由村指定专人负责收集、清运。

（3）规模养殖场畜禽粪便由养殖场自行收集、清运，不能利用的污水由养殖场送至污水处理厂统一处理。

2. 未处理粪便的贮存体系

畜禽养殖场产生的畜禽粪便应设置专门的储存设施，其恶臭及污染物排放须符合《畜禽养殖业污染物排放标准》。必须远离各类功能地表水体（距离不得小于 400 m），并应设在养殖场生产及生活管理区的常年主导风向的下风向或侧风向处。贮存设施应采取有效的防渗处理工艺，以有效防止畜禽粪便污染地下水。对于种养结合的养殖场，畜禽粪便贮存设施的总容积不得低于当地农林作物生产用肥的最大间隔时间内本养殖场所产生粪便的总量。畜禽养殖场设置专门的贮存设施，并应采取设置顶盖等防止降雨（水）进入的措施。

（1）粪便贮存设施

设施周围应设置排水沟，防止径流、雨水进入贮存设施内，排水沟不得与排污沟并流；周围应设置明显的标志和围栏等防护设施；宜设专门通道直接与外界相通，避免粪便运输经过生活及生产区；周围进行适当绿化，按 NY/T 1169 相关要求执行；防火等级要达到 GB　50016 中防火三级要求。

（2）污水贮存设施

设施周围应设置排水沟，防止径流、雨水进入贮存设施内，排水沟不得与排污沟并流；进水管道直径最小为 300 mm。进、出水口设计应避免在设施内产生短流、沟流、返流和死区；周围应设置明显的标志和围栏等防护设施；定期清除底部淤泥；周围进行适当绿化，按 NY/T 1169 相关要求执行；防火等级要达到 GB 50016 中防火三级要求。

3. 畜禽粪便处理与利用体系

建设畜禽粪便处理与利用体系，应该根据现有的设备加以选择。例如，如果现存的设施为冲洗式，不做大的改进不可以用于干处理。如果计划建立新的畜牧场，则必须考虑其他因素。改变粪便处理系统必须与畜牧场其他管理实践相配套，粪便必须选择合适的方法施用，尽可能多地使其中的养分被作物吸收或在施用前选择合适的贮存方法以使其不对环境产生影响。法规的要求也将影响畜禽粪便处理与利用体系的选择，例如如果要求必须把地表径流收集和贮存施入农地，则需要液体处理系统，而其他的组分仍可以固相或稀粪形式进行处理。

粪便处理系统类型可分为固体和传统的粪便处理、稀粪便处理、液体粪便处理、厌氧处理池、移去悬浮固相物质、堆肥及以上的组合。每个系统又可分为五个主要组成部分：收集、贮存、加工或处理、运输和利用。粪肥的管理方式因含水量不同可有很大的差异。粪肥处理方式和贮存方式不同，氮的挥发损失可有很大的差异。在施入田间前，固态粪肥日常处理的氮挥发损失率为 15%~35%，露天堆放的氮挥发损失率为 40%~60%；液态粪肥厌氧贮存氮挥发损失率为 15%~30%，地表贮存氮挥发损失率为 10%~30%；与土混合贮放氮挥发损失率为 20%~40%。在施用过程中，氮挥发损失率固态粪肥散施为 15%~30%，散施后与土混合为 1%~5%；液态粪肥散施为 10%~25%，施后与土混合者为 1%~5%；直接注入土内者为小于 2%；喷施者为 30%~40%。

（四）畜禽粪便处理与利用技术

畜禽粪便是一种宝贵的能源和肥料资源。通过加工处理可制成优质有机复合肥料和清洁能源。开发利用畜禽粪便不仅能变废为宝，解决农田有机肥用量及畜禽饲养场（户）用能问题，而且可减少环境污染，防止疫病蔓延，具有较高的社会效益和一定的经济效益，是保证农业可持续发展的重要资源。畜禽粪便利用主要有肥料化利用、能源化利用、制作动物饲料、生产动物蛋白等。

1. 肥料化技术

畜禽粪便中含有大量的有机物及丰富的氮、磷、钾等营养物质，是农业可持续发展的宝贵资源。施于农田后有助于改良土壤结构，提高土壤有机质含量，促进农作物的增产。数千年来，农民一直将它作为提高土壤肥力的主要来源。过去采用填土、垫圈的方法或堆肥方式将畜禽粪便制成农家肥。现如今，伴随着集约化养殖场的发展，人们开展了对畜禽粪便肥料化技术的研究。

（1）直接施用

畜禽粪便是优质的有机肥料，在我国传统农业生产中主要是将畜禽粪便直接施用或者简单堆沤后施用。贝利等研究表明，新鲜猪粪中的挥发性脂肪酸具有抑制和消除植物土传病害的功能。因此，将新鲜的猪粪便作为肥料直接施入大田，既可以为作物提供营养元素，又可以消除一些土壤中的病害。这些直接施用的方法不需要很大的投资，操作简便，易于被农民接受和利用，但是由于畜禽粪便中水分含量高、大量施用时不方便等原因，在一定程度上限制了其施用。

（2）堆腐后施用

堆肥是在人为控制堆肥因素的条件下，根据各种堆肥原料的营养成分和堆肥过程中对混合堆料中碳氧比、颗粒大小、水分含量和 pH 等要求，将计划中的各种堆肥材料按一定比例混合堆积，在好氧、厌氧或好氧—厌氧交替的条件下，对粪便进行腐解，作为有机肥施用。陈志宇等研究指出，在堆肥过程中的主要影响因素包括通风、温度、填充料的选择、堆料含水率、适宜的碳氮比和 pH 值。

（3）微生物菌剂发酵后施用

将经过选培的有益微生物菌剂加入畜禽粪便，通过微生物发酵堆腐而生成有机肥施用。自然堆肥初期微生物量少，需要一定时间才能繁殖起来，人工添加高效微生物菌剂可以调节菌群结构、提高微生物活性，从而提高堆肥效率、缩短发酵周期、提高堆肥质量。这种方法处理粪便的优点在于最终产物臭气少，且较干燥，容易包装、撒施，而且有利于作物的生长发育。在一些畜禽有机肥生产厂，常采用的方法有厌氧发酵方法、快速烘干法、充氧动态发酵法。

2. 能源化技术

（1）直接燃烧

在草原地区，牧民们收集晾干的牛粪做燃料直接燃烧，用来取暖或者烧饭，这是粪便直接做能源的最简单方法，但是利用不够充分，且易造成空气污染。

（2）乙醇化利用

畜禽粪便含有丰富的纤维素资源，牛粪中纤维素含量为 22%、半纤维素为 12.5%。将畜禽粪便中的木质纤维素进行预处理，然后转化为糖，进一步发酵成酒精，可作为乙醇化的原料。在碱预处理条件下，畜禽粪便的还原糖率达到 17.65%，而超声波与 KOH 联合预处理能使畜禽粪便的还原糖率达到 21.47%，比 KOH 单独预处理时高 3.82%。畜禽粪便的乙醇化利用可将畜禽粪便以无污染方式焚烧，然后发电利用，焚烧过程中产生的灰分还可以作为优质肥料。1992 年，英国 Fibrowatt 公司用鸡粪做燃料建立了发电厂。利用畜禽粪便发电既创造了经济价值、减少环境污染，又节约了煤炭、天然气等不可再生资源。

（3）沼气化利用

采用以厌氧发酵为核心的能源环保工程是畜禽粪便能源化利用的主要途径。畜禽粪便生产沼气是利用受控制的厌氧细菌分解作用，将粪便中的有机物转化成简单的有机酸，然后再将简单的有机酸转化为甲烷和二氧化碳。集约化养殖场大多是水冲式清除畜禽粪便，粪便含水量高。对这种高浓度的有机废水采用厌氧消化法具有低成本、低能耗、占地少、负荷高等优点，是一种有效处理粪便和资源回收利用的技术。它不但提供清洁能源（沼气），解决我国广大农村燃料短缺和大量焚烧秸秆的矛盾，还能消除臭气，杀死致病菌和致病虫卵，解决了大型畜牧养殖场的畜禽粪便污染问题。另外，发酵液可以用作农作物生长所需的营养添加剂。这种工艺已经基本成熟，在中小规模养殖户中得到全面推广和应用。

3. 制作动物饲料

畜禽粪便具有很高的营养价值，富含粗蛋白、矿物质及微量元素，对家禽和水产养殖具有很好的营养作用，经过高温高压、热化、灭菌和脱臭等过程，将粪便制成粉状饲料添加剂。

（1）直接喂养法

在美国，用鸡粪混合垫草直接饲喂奶牛的方式已被普遍使用。在饲料中混入上述粪草饲喂奶牛，其结果与饲喂豆饼的饲料效果相同。此方法简便易行，效果也较好，但要做好卫生防疫工作，以有效避免疫病的发生和传播。

（2）青贮法

粪便中碳水化合物的含量低，不宜单独青贮，常和一些禾本科青饲料一起青贮，调整好青饲料与粪便的比例，并掌握好适宜含水量，就可保证青贮质量。青贮法不仅可以防止粪便中粗蛋白损失过多，而且可将部分非蛋白氮转化为蛋白质，杀灭几乎所有有害微生物。

（3）干燥法

干燥法是处理鸡粪常用的方法。干燥法分为自然干燥法和机械干燥法。自然干燥法是将新鲜畜禽粪便单独或掺入一定比例的糠麸拌匀后，摊在水泥地面或塑料布上，随时翻动让其自然风干、晒干，然后粉碎，掺到其他饲料中饲喂。此法成本较低、操作简便，但受天气影响大，且易造成环境污染；机械干燥法是采用相关设备进行干燥，可达到去臭、灭菌、除杂草等目的。美国 Farrier Automatic 公司推出的风道式干燥机与我国广州农机研究所和华南农业大学联合开发的 JFGJ-1 型鸡粪快速干燥设备和生产线，高效节能，便于实现自动化。此法处理粪便的效率最高，而且设备简单，投资小，粪便经干燥后可制成高蛋白饲料。

（4）分解法

分解法是利用优良品种的蝇、蚯蚓和蜗牛等低等动物分解畜禽粪便，以达到既提供动物蛋白质又能处理畜禽粪便的目的。这种方法比较经济实用，生态效益显著。畜禽粪便通过青贮、干燥法和分解法等方法加工处理，提高了其利用价值和贮藏性，可充分利用畜禽粪便中的营养物质。

（5）热喷法

热喷法是将畜禽粪便经过热蒸与喷放处理，改变其结构和部分化学成分，并经消毒、除臭，使畜禽粪便变为更有价值的饲料。将新鲜鸡粪先晾至含水量30%以下，再装入密闭的热喷设备中，加热至200 ℃左右，压力为8~15 kg/m^2，经过3~4 min处理，迅速将鸡粪喷出，其体积可增大30%左右。此法处理后，鸡粪膨松适口，有机质消化率可提高10%，并可消灭病菌，除去臭味。热喷技术投资少、能耗低、操作简便，具有广阔的利用前景。

4. 生产动物蛋白

以蝇蛆昆虫取食利用粪便腐败物质的生物特性生产蝇蛆产品，使粪便中的物质充分转化成虫体蛋白质或脂肪加工回收，蛆虫作为水产养殖饵料。与此同时，生产蚯蚓并加工成蚓粉，也是一种较好的方法，但缺点是收集不易、劳动力投入大。近年来，美国科学家已成功在可溶性粪肥营养成分中培养出单细胞蛋白。

由于畜禽废物对环境污染的特殊性，不能走先污染后治理的老路，应以预防为主，防治结合。我国畜禽粪便处理是在参照和引进国外先进技术、针对我国具体国情和经济状况的基础上发展起来的，由于处理难度较大和各地情况差异，目前尚难有适合全国各地的新型高效处理技术。随着人们生活水平的提高和对环保要求的进一步严格，特别是随着我国生物技术水平的不断提高、有关机械及设备的进一步改进，形成高效低耗畜禽粪便处理技术是完全有可能的。可以预料，畜禽粪便的资源化、无害化处理和综合利用是今后畜禽粪便处理利用的方向，将对我国农业可持续发展、农产品产量品质的提高以及环境污染的治理产生积极的推动作用。

参考文献

[1] 陈树龙，毛建光，褚广平 . 乡村规划与设计 [M]. 北京：中国建材工业出版社，2021.

[2] 陈修颖，周亮亮 . 乡村区域发展规划 [M]. 上海：上海交通大学出版社，2019.

[3] 代改珍 . 乡村振兴规划与运营 [M]. 北京：中国旅游出版社，2018.

[4] 郭雨，梅雨，杨丹晨 . 乡村景观规划设计创新研究 [M]. 北京：应急管理出版社，2020.

[5] 何杰，程海帆，王颖 . 乡村规划概论 [M]. 华中科学技术大学出版社，2020.

[6] 江苏省住房和城乡建设厅 . 乡村规划建设 [M]. 北京：商务印书馆，2013.

[7] 李夺，黎鹏展 . 城乡制度变革背景下的乡村规划理论与实践 [M]. 成都：电子科技大学出版社，2019.

[8] 刘黎明 . 乡村景观规划 [M]. 北京：中国农业大学出版社，2003.

[9] 马虎臣，马振州，程艳艳 . 美丽乡村规划与施工新技术 [M]. 北京：机械工业出版社，2015.

[10] 石峰 . 乡村旅游规划理论与方法研究 [M]. 北京：北京工业大学出版社有限责任公司，2019.

[11] 孙凤明 . 乡村景观规划建设研究 [M]. 石家庄：河北美术出版社，2018.

[12] 汤喜辉 . 美丽乡村景观规划设计与生态营建研究 [M]. 北京：中国书籍出版社，2019.

[13] 王党荣 . 传统文化回归美丽乡村环境规划设计 [M]. 石家庄：河北美术出版社，2018.

[14] 吴维海．新时代乡村振兴战略规划与案例 [M]. 北京：中国金融出版社，2018.

[15] 熊英伟，刘弘涛，杨剑．乡村规划与设计 [M]. 南京：东南大学出版社，2017.

[16] 杨贵庆等．黄岩实践：美丽乡村规划建设探索 [M]. 上海：同济大学出版社，2015.

[17] 杨山．乡村规划：理想与行动 [M]. 南京：南京师范大学出版社，2009.

[18] 张锦．乡村振兴战略背景下的乡村旅游规划设计 [M]. 太原：山西经济出版社，2020.

[19] 张天柱，李国新．乡村振兴之美丽乡村规划设计案例集：乡村规划设计 [M]. 北京：中国建材工业出版社，2018.

[20] 赵先超，宋丽美．长株潭地区生态乡村规划发展模式与建设关键技术研究 [M]. 西安：西安交通大学出版社，2017.

[21] 周霄．乡村旅游发展与规划新论 [M]. 武汉：华中科技大学出版社，2017.

[22] 周游．当代中国乡村规划体系框架建构研究 [M]. 南京：东南大学出版社，2020.

[23] 王造兰，刘少莹．构建和谐城中村路径研究：以南宁市城中村为例 [J]. 经济与社会发展，2011，9(8)：107-115.

[24] 刘志强．节约型社会的景观发展对策研究 [J]. 四川建筑科学研究，2008，34(2)：242-243.

[25] 刘国维．历史文脉与特色景观营造关系探析 [J]. 山西建筑，2014，40(6)：215-217.

[26] 莫蔚明，康彩艳，周振明．不同植物净化灵剑溪受污水体的研究 [J]. 广西科学，2009，16(2)：215-218.